深掘り
野菜づくり読本

白木己歳

農文協

はじめに

農業は光合成産業である。その農業の用語で、光合成によってつくられた同化産物を送り出す部位を「ソース」、受け取る部位を「シンク」と呼んでいる。同化産物の送り手と受け手である。ただしこの送り手はみずからも同化産物を受け取る。そのため両者の厳密な線引きはむずかしい。しかし、栽培の立場からは、ソースは葉、シンクは果実、イモ、結球などの収穫部位と捉えてよい。

野菜には「植物」と「農作物」という切り口がある。これを分けるのもソースとシンクのあり様である。生育を自然にまかせた状態が植物である。植物状態のソースはみずからが受け取る同化産物が多い。そのため草勢が強く、生育障害は出ないし、病害虫の被害も受けにくい。そのかわり、いい野菜、人にとってのいいシンクはつくられない。いい野菜をつくるには、農作物として「管理」しなければならない。そのためには技術がいる。本書はこの管理技術の本である。

管理技術は、大きく二つに分けることができる。

一つは同化産物の流れを収穫部位（シンク）優先になるようにもっていく技術である。この技術は株に負担をかけるので、そのままでは生育障害が発生し、病害虫の被害も受ける。そこで同化産物の収穫部位優先の流れは維持したまま、生育障害や病害虫に対処可能な草勢を維持する必要が生じる。それがもう一つの技術である。

いい野菜をつくるための管理は、多くの品目において増収のための管理でもあり、その面からも株に負担がかかる。一方、いい野菜にするために収量を犠牲にする品目もある。その場合でも、いい野菜にする管理である限り、株に負担がかかる。

しかしこの二つの技術に時期的な境目はなく、栽培全期間を通して両方への対処が必要である。また、技術の下地は播種するより前の本圃の整地の段階から始まっている。苗づくりも定植後の管理技術にすでに足を踏み込んでいる。例えば、接ぎ木が数カ月先の草勢維持に寄与するようにである。

二つの技術に境目がないということは、別にいえば管理技術は個々の技術の集積ということでもある。読者のなかには、うっすらとわかってはいても、腑に落ちない状態で個々の技術を抱えている方がおられよう。本書の目的の一つは、それを「納得」したかたちにすることである。

また、個々の技術はどれもこれもが汎用性をそなえる必要はなく、自分だけが知り得たというものが、当然あってよい。そういう独自技術をもつには「気づき」が大切である。気づきに至る視座を示すことも、本書の目的である。これらの目的に添うであろう話題を述べるつもりである。

筆者は、技術は楽しいものだと思っている。少なくとも人々を喜ばせられて初めて技術といえるように思える。そのことと直接の関係はないけれども、本は、居住まいを正して読むよりも、寝転ぶか、腹這うかして読むに限ると決めてかかっている。そういう読み方にマッチする記述、内容になるよう努めてみたつもりだが、はたしてその目論見通りになっているかどうかは、皆様のご判断によるしかない。

ともあれ、野菜づくりに限らず物づくりの世界では、最後はいいものがつくれるかどうかだが、その意味で本書が、皆様にとっていい野菜をつくる「理由としくみ」を知ることとなれば筆者の望みは達せられる。

○本書について

本書は、『現代農業』誌での二度の連載「目からウロコ　果菜の作業コツのコツ」（二〇〇四年一月号～二〇〇五年七月号）、「常識のなかの非常識　農業技術者の洞察」（二〇一七年一月号～二〇二一年十二月号）を再編成し、大幅に加筆したものである。一応、章立ては頭から順に読めるよう構成しているが、もともと二ページ一回ごとの読み切りで書いたものなので、頭から読み進めなくてもかまわない。

本書で取り上げた内容（品目）はトマト、メロン、キュウリなど果菜が多いが、葉菜、根菜にも対比的に言及しており、気づかれることは多いと思うし、共通する技術も少なくない。果菜を「呼び水」に野菜全般、ひいては農業全体を見通す視座も意識していただければうれしい。

またキーワードから関連ページに行き来できる索引や、「かん水量の表わし方はミリ（㎜）で」など著者流の定義、提案を集めたコラムも合間に挟みながら、何度も反芻できて読者なりの納得が試みられるように仕上げたつもりである。

目次

2章 耕耘や土壌消毒など——定植までの圃場の準備、用意

3章 施肥、仕立て、交配、摘葉、防除など——生育中の諸管理

●コラム●

◉イラスト　トミタイチロー

序章

野菜づくりの前景

常識のなかの
非常識に気づくレッスン

ソースのがんばりに思いを致す

シンクが巨大な日本の野菜

「まえがき」でも述べたように農作物の生産は、光合成によってつくり出した同化産物を送り出すソース（である葉）と、それを受容するシンク（おもには収穫物）との相互作用で成立している。

本来、ソースとシンクは優劣のない釣り合った状態にある。しかし、我々が生産する野菜で、近年とくに著しくなっている（？）特徴の一つは、ソースに対してシンクの存在が巨大なことである。収穫物が大きく、または多く、または糖などの内容成分の含有率が高い。そういうソースとシンクの状態は、ひとりでにそうなるのではなく、管理でそういうふうにしている。

小さなソースで巨大なシンクをまかなう栽培は、ソースが息切れして障害が発生する可能性を抱えており、技術的に狭い道を通ることになる。

ソースに対するシンクの巨大さは、とくに日本の野菜で顕著なように思える。日本の野菜の生産は、近代的合理性に裏打ちされた技術に、名人芸的な管理が入り込んでおり、そのことがシンクの巨大化に拍車をかけている。もちろん、多収の形質を備えた品種が現われた影響もあるが、そういう品種であっても管理者の誘導なしには能力を発揮できない。シンクとソースの境遇は管理者にかかっているのである。

シンクが巨大化する日本の野菜

職人的名人が生まれる素地

農業は国民への食料供給という使命を帯びている。この使命が野菜の生産者にもっと重くのしかかっているなら、栽培管理は今よりも平板で画一的なものになり、これほどシンクが巨大になる状況は生まれなかったかもしれない。だがこの使命は、今日においては決して過重なものではなく、生産者にとっては心地よい重さの責務になっているように思える。この不思議な余裕が職人的名人を生み続ける素地であり、シンクの専横とソースのあえぐ技術を生み、継承されている。

ソースの限界を超えないよう世話を焼く必要と愉しみ

日本の野菜の多くは西から来た。ユーラシア大陸原産のものはもちろん、新大陸原産のものも多くは東シナ海を渡っている。西から来た野菜にとって、東に大海の壁をもつ日本は東漸の果てであり、デパートなどの売り場を彩る野菜群は東漸の精華といえる。しかし、その栄光はソースのあえぎを伴っている。

もちろん、ソースがいかにつらい目に遭おうとも、野菜自身もつくり手も何事もなかったかのように栽培を完結しなければならない。そのためには、つくり手はソースの能力の限界を超えないように世話を焼く必要がある。だからといってソースに余裕を与えすぎても市場で高評価を得るいいものは生産できない。結局、ぎりぎりの狭い道を行くことになる。このスリルを苦にせず、むしろ愉しむことが、名人といわれる人たちに共通する陽気さのようである。

ともあれ野菜づくりの世界を見わたすとき、ソースのがんばりこそ真っ先に目にとめなければならない風景である。

●コラム●

粗菜と真菜

「菜」とは副食のことであろう。粗菜（そな）と真菜（まな）の区別があったことが平安期の記録にある。味の良し悪しによる区別であり、野菜類は味の悪い粗菜の扱いである。日本固有の野菜といえば、ウド、フキ、ヤマノイモ、ユリネ、キノコ類ぐらいのもので、平安期にはシロウリ、ナスなどがすでに渡来していたとはいえ、種類の貧困さはどうしようもなく、粗菜としての扱いは仕方のないことのように思える。

真菜はおもに魚介が占める。真菜は、まな板の語を現代に残している。

野菜は、酒と一緒に食べる酒菜（さかな）としての地位も低かったらしく、サカナの語は今なお魚にもっていかれたままになっている。

なお、蔬菜の語が粗菜に淵源していることはいうまでもない。

商品生産と食料生産の違い

野菜は、すべての品目が最大の収量を上げる方法で栽培されているのではない。また、すべての品目が最高の品質を目指しているのではない。経営上、収量よりも品質を重視したほうが有利な品目は、そういう管理をするし、品質よりも収量を重視したほうが有利な品目は、そういう管理をする。

野菜の生産は「商品生産」と「食料生産」の二つの面がある。両者は切り離せない関係にあるが、技術的にはズレがある。この二つの面を改めて見つめることで、我々生産者の技術的立ち位置を再確認したい。

特大メロンから考える

下の写真はアールス系メロンで重量が約五kgある。特別な品種ではなく、全国でつくられる人気品種で、通常は二kg弱の果実をとる。

果実を通常サイズの倍の大きさにするのは、スイカはそれほどむずかしいことではないが、メロンは少し念を入れた管理が必要になる。念を入れるといっても、高度な技術が必要なわけではない。

5kgある特大サイズのアールス系メロン（左）と、2kgの通常サイズ

生産物を特大にするにはどうするかという追求より、なぜ我々の生産物は通常サイズに収まるのかという面から考えたほうが、立ち位置の再確認には近道である。

商品生産は果実を大きくできない

商品生産には、栽培技術だけでなく、マーケティングも必要である。そのためには一定の果数が必要となる。アールス系メロンの場合、一〇aあたり約二〇〇〇個を基準として経営が成立し、産地が維持される。二〇〇〇個をとるためには二〇〇〇株を植える（一㎡あたり二株植え）。ここで商品を離れてメロンを食料としてみてみると、「糖」の生産量が評価の対象になるだろう。二〇〇〇株を植え、二kgの果実を収穫する商品栽培では収量は四t。メロンの果実の糖の含有率は一〇％ほどとされるので、一〇aあたり四〇〇kgの糖が得られる。

しかし、二〇〇〇個を収穫するための栽植密度では、一果重を二kg以上にするのはむずかしい。言い換えれば、商品生産の栽培法での一果重は二kgが限度となる。それゆえ、生産個数と栽植密度が限定される商品生産では、通常サイズに収まるのである。

食料生産は果実が大きいほうがいい

アールス系メロンの果実を五kgにするには通常より三～四割疎植にすることを第一条件として、水かけを工夫しさえすればよい。もし五割疎植の一〇〇〇個どりにしたとしても収量は五ｔである。そしてスイカがそうであるように、メロンも大きな果実の糖度は安定して高い。ひとまず二㎏クラスの糖の含有率で計算すれば、五ｔの果実は五〇〇㎏の糖をもたらす。食料の生産を目標にすれば、二〇〇〇個どりよりも一〇〇〇個どりのほうがすぐれるのである。この図式は、イモ類のデンプンにもあてはまり、収量を増やすには、基本的には生産物を大型にしたほうがよい。大型にすると、内容成分は希薄化して生産物の品質は下がる。しかし重量増加の効果のほうが圧倒的に大きく、栽培面積あたりの内容成分の生産量は多くなる。

*

13ページの写真のメロンは、かつて農業部署の新設を計画した半導体企業の農場で、筆者が指導してつくったものである。

先述の通り、メロンの大きな果実は、大きさだけでなく、商品性も高い。そのことからいえば、商品生産と食料生産の違いを知るのにふさわしい品目とはいえないが、アールス系メロンは植え付け株数と収穫果数が同じであることと、栽培条件による果実の大きさの違いが一目瞭然であることから、冒頭に述べた主題に添うと判断し、登場させた。我々は、食料としての生産能力を削いだ立ち位置で、商品としての野菜を生産している。

日本のキュウリの境遇

収量より品質を重視する管理の風景として述べたメロンに対し、収量重視のために品質（旨味・機能性）を犠牲にしているといえるのがキュウリである。

キュウリは特異な野菜!?

野菜は、国により栽培法が異なっても、収穫物の「齢」はだいたい同じである。そのなかにあって、キュウリは、日本ではことさら若い果実を収穫する。その徹底ぶりは、日に二回も収穫する時期があるほどである。キュウリはスイカやメロンと同じウリ科であり、熟すると約一kgになる。我々がふだん食べているのは、その一〇分の一の約一〇〇gで収穫した果実である。これほどに若どりするのには、当然理由がある。

キュウリは身近な野菜であるが、その果実や収穫の仕方からは特異な野菜といえる。

ほかの果菜との相違点

ほかの品目との違いをみると、以下のようである。まず、メロンやスイカとの違いは二つある。一つは、繰り返しになるが、メロンやスイカは熟した果実を収穫するが、キュウリは未熟な果実を収穫する。もう一つは、メロンやスイカは一度に収穫を終えるが、キュウリは長期間連続して収穫する。

連続収穫するということではイチゴやトマトも同じである。しかし、イチゴもトマトも肥大しきった熟果を収穫するということで、キュウリとは決定的に違う。トマトは果実に

マレー半島の市場にあったキュウリの熟果。果肉は熟し、果皮にネットまで出してメロン化している

青さが残っている状態で収穫することもあるが、肥大しきっている点は熟果と変わりない。

キュウリと同じように、肥大途中の未熟果を連続収穫する品目としてはグリーンピーマンがある。しかし、グリーンピーマンもキュウリと完全に重ね合わせることはできない。グリーンピーマンは三〇gくらいで収穫するが、熟するまで成らせておいても四〇gくらいにしかならない。未熟果とはいえ、肥大し切る直前で収穫しており、キュウリの果実の若さには到底及ばない。キュウリの果実の未熟さを、ほかの果菜と比較すると、果実というより大きな雌花ではないかと思えるほどである。

若どりすることで、長期栽培を可能にしている

上の写真は、過日、筆者がマレー半島の青果市場で見たキュウリの熟果である。日本の多くのキュウリよりも小ぶりな品種で約五〇〇gである。キュウリは熟するとウリ科特有の芳香があり、旨味が出てくる。つまり食味の品質が向上する。おそらく機能性成分も増えるはずである。ただし、こういう熟果にすると、ソースである葉が消耗して長期間の栽培はできない。そのため、熟果を何回も収穫したいなら、一回ずつ栽培を終了させてツルを更新するか、新たに植えるしかない。つまり、スイカやメロンと同じ栽培になる。

日本の場合、若い果実を収穫することが長期栽培を可能にしている。日本のキュウリの生産技術は、果実は若いうちに収穫するということを大前提に

して成立している。別のいい方をすれば、キュウリがスイカ・メロン化するのを防ぐことで、長期栽培を可能にしているのである。

熟果の旨味を味わいたい

ただし、キュウリの熟果は、一度は賞味してほしい食材である。ひと通り収穫を終えた株を使い、実を成りっぱなしにすれば、夏なら三〇～三五日で約一kgの熟果になる。

熟果は皮が硬いので、調理するときには必ず皮をむく。その上で縦割りに二分して、スプーンで胎座（たいざ）（わた）をかき取って捨て、好みの厚さに切って食べる。割いた生かつお節と合わせて甘酢をかけ回したものなどは、勧めたい一品。キュウリ本来の旨味を味わえるはずである。

なお、キュウリの熟果は白イボ系と黒イボ系では外観が異なる。白イボ系はあざやかな黄色でネットは出ない。キュウリに黄瓜の文字を当てるのは、この果皮色に由来するのであろう。黒イボ系は褐色でネットが出る（写真がそれである）。

●コラム●

増収を狙うなら一〇〇gでなく一八〇g果

キュウリの収量がもっとも上がるのは、実は一〇〇gの収穫ではなく一八〇gぐらいでの収穫である。一〇〇g収穫に比べて約五％増収する。

ただし、一八〇g果は大きさの中途半端さに加え、イボの切っ先のするどさを失っているので、箱に並べたとき一〇〇g果のような整然とした美しさはない。また、依然未熟果なので熟果の旨さはない。旨さがなく、見栄えもしないのだから、五％増収を喧伝する気はないが、食料生産一点に絞った栽培をするなら、収穫果は一八〇gにしたほうがよいことを知ってほしい。一八〇g以上にすると株が疲れて、一〇〇gで収穫するより減収する。

果菜の多くは原産地の記憶のもち主

イネには原産地の記憶がない!?

農作物に適する気象は、原産地の気象だという意見がある。しかし、北陸や東北地方のイネの収量の多さをみると、そうとばかりはいえない気もする。

現在栽培されている農作物は長年の品種改良を経ている。品種改良は、ある面、原産地の記憶を失わせる行為であり、北陸や東北地方のイネは、亜熱帯原産といわれるアジア型のイネの記憶が見事にぬぐいさられた成果だとみたい。野菜の場合、露地での周年生産が可能になったいくつかの葉菜や根菜もイネと同じ目でみていいであろう。

果菜も長年の品種改良を経て現在の姿がある。しかし、その多くは今もなお原産地の記憶を引きずっているようだ。

果菜は熱帯原産が多いが……

果菜の多くは熱帯原産である。トマトは赤道に近いペルーやエクアドルのアンデス高地、ピーマンやトウガラシは南アメリカの熱帯地方、スイカは南アフリカとされる。

それなのに、これらの果菜は夏の関東以南の平地での栽培はむずかしい。このことに原産地の記憶がほのみえる。果菜にとって日本の夏は、昼はいいが夜が暑すぎるようだ。原産地の夜はもっと涼しいと聞く。だから、夏の果菜は高冷地や寒冷地、寒地でおもに生産される。例えば夏秋トマトは、岐阜の高冷地や東北などが産地であるが、これらの産地の昼は決して涼しくはない。とくに内陸部の場合は、沿海部よりもむしろ暑いほどだ。しかし、夜が冷えるので高品質の果実がとれる。

半促成が原産地の記憶にマッチ

果菜を周年生産するためには、夏季以外はハウスが必要である。ハウス栽培には促成栽培、半促成栽培、抑制栽培などの作型があるが、そのなかでもっとも栽培しやすいのは半促成栽培である。このことにも原産地の記憶がみえる。

半促成栽培は、地域により栽培時期が異なるが、おおむね寒い時期に播種して春から初夏にかけて収穫する（例えば愛知県での半促成トマトは、十二月播種、二月定植、五〜七月収穫）。生育期間の大部分が春にあたることが栽培を容易にする。外気はまだ寒いが、冬と違って日射が強く、昼のハウス内は熱帯の温度になる。一方、夜はほどよく冷える。このため一日の温度の推移が、多くの品目の原産地に近い状態になる。

原産地の記憶が…

トマトは光のことを強く記憶している

いずれにせよ、果菜の多くは、近代育種の淘汰圧をもってしても消すことのできない強靱な記憶のもち主たちのようであり、そのことを栽培に活かすことが大切であろう。例えば、作季を選択することはもとより、秋が暑い年のハウス栽培では「夜は換気しないもの」という固定観念を捨ててしっかり換気をすると、収量も品質も向上する（なお、夜温の管理については、１２１ページの「内張りと暖房機、どちらを先に準備する？」で別の視点からふれる）。

原産地の記憶としてほかの気象条件についていえば、例えば、トマトは遮光すると敏感に反応して減収する。そのため、ほかの品目のように作業環境を快適にする目的でハウスに遮光資材をかぶせることができない。トマトは果菜のなかでもっとも日射の強い地帯を原産地とするからのようである。数百年の品種改良を経てなお、光のことを記憶しているようだ。

●コラム●

オランダのトマトの錯覚

オランダのトマトは多収で知られている。もちろん技術の高さによるのだろうが、高緯度地帯特有の日照時間の長さも少なからず貢献しているだろう。トマトはもっとも光を要求する野菜である。

アムステルダムの四月から九月は、昼の長さが一三時間から一七時間に及ぶ。また、トマトが高温を要求する野菜でないこともオランダを得させている。トマトがオランダで里帰りの錯覚に陥っているとするなら、それはそれでオランダの技術陣の栄誉である。ただ、当地でのトマトのがんばりが尋常でないぶん、痛々しい気がしないでもない。

名人の品種選びの世界

職人気質は品種選びにも表われる

新しく野菜づくりの世界に参入した人たちが、最初に対峙しなければならないことの一つに品種選びがある。部会などの生産集団に入るなら、部会員と同じ品種を使うことになるので頭を悩ますことはないが、問題はその品種が選ばれている理由である。

品種は、生産活動のベースになる要素なので、選ぶ理由は合理的でなければならないはずである。しかし、実際には必ずしもそうではない。

農業は、近代化に伴い技術もずいぶんと平準化したが、職人気質までなくしてはいない。職人気質は品種選びにも強く表われる。その風景のおかしみに、新規参入者は楽しいとまどいを覚えるに違いない。同時に野菜の世界にいっそうの親しみも湧くはずである。

名人たちが好む「むずかしさ」

品種がそなえなければならない形質の第一は、収量が上がることである。農業の使命を食料の生産に限るなら、収量を上げやすいという品種がよい品種になる。収量の上げやすさは、いわゆるつくりやすさである。つくりやすさにはいくつかの切り口があるが、「強健」さが欠かせない要素だろう。つまり、食料生産の面からは「強健・多収」の品種がよいことになる。

しかし、つくりやすさは必ずしも歓迎される形質ではない。むしろ「むずかしさ」を好む人たちが多い。とくに「名人」と呼ばれる職人肌の人たちがそうである。無論、品種か

得てして名人が好むのは
「むずかしい品種」

ら多収である形質は外せないので、名人たちが好むのは、むずかしさを克服して多収にたどりつく品種である。つくりやすくて、多収であればよさそうなものだが、名人たちはそれでは食い足りないようなのだ。

いつだったか、野菜ではないけれども、コシヒカリの育成者のお一人が、コシヒカリの長所を問われて「つくりにくいところ」とおっしゃっていたが、名人たちの性根はそういうもののようである。まことに、厄介なおかしみである。

種苗業者もわかっている

品種を育成する種苗業者の側は、名人たちのそういう性根は百も承知であり、名人たちが「むずかしい、むずかしい」と喜ぶトマトやピーマンなどの品種をしっかり送り出している。

都道府県等の公的研究機関の育種陣も、現場の名人たちの品種の好みを、もちろんよくわかっている。しかし、官公庁の育種においては、予算をつける事務方を説得する必要から、「むずかしさ」を謳い上げるわけにはいかない。事務方を納得させる目標形質は「強健・多収」につきる。そういう事情があるので全国規模で通用する「つくりごたえ」のあるむずかしい品種の育成は無理のようだ。

もっとも、イチゴなどの栄養繁殖する野菜の有力品種は（イネ・ムギもそう）官公庁の育種により育成されたものがほとんどであり、それだけで十分使命を果たしている。

*

生産集団のリーダーの多くは、名人と呼ばれる人たちであることを思うとき、日本中の生産現場は、単に食料生産の効率だけで動いているのではなく、もっと多彩な技術が発揮されている場のようである。新規に参入した人たちが名人の肩越しに見るその世界は、立ち向かう世界として不足はないはずである。楽しみながら腕を磨いてほしい。

メロンは名人芸を発揮しやすい品目

1章

播種、育苗、接ぎ木など

定植までの作物側の準備

なぜ苗をつくるか＝直まきではなぜいけない？

苗づくりのメリット、直まきのネック

タネまきには、圃場に直接まく「直まき」と、苗にして「移植する」ために箱やセルにまくやり方がある。

「直まき」のできない野菜はない。「移植」は、できる野菜と嫌う野菜があるが、できる野菜が圧倒的に多い。

移植を嫌う野菜はダイコン、ニンジン、ゴボウなどの直根類とマメ類の多くである。これらの品目は直まきする。

移植のできる野菜は苗にすることができる。苗は、直まきよりも生育を進めて圃場に出すという一点において、圃場利用上の利点が生じる。苗にすることで、キャベツやレタスなどの一回どり野菜は一年間の収穫回数が増え、トマトやキュウリなどの連続どり果菜は、圃場に出してから収穫開始までの日数が短くなる。結果的に収穫期間が長くなる。

もちろん、苗をつくる目的はそれだけではなく、小さいときは手元において世話を焼いたほうが後々の成績がいいとか、一定の生育調節を施して圃場に出すという理由もある。

苗をつくるには、専用の育苗ハウスをかまえるのが一般的である。育苗ハウス内であれば、自分流の水かけを雨に乱されることがないし、加温や保温ができるので、年中、苗をつくることができる。逆にいえば、直まきは生育可能な気温の季節にしかタネまきができない。これが直まきの最大のネックである。

自家育苗のコツ

かつてはどこの農家も苗は自分でつくっていた。しかし平成五（一九九三）年頃から苗生産の分業化が進み、苗は買うことができるようになった。購入した苗をそのまま定植するなら苗づくり用の施設も資材もいらない。キャベツ、レタス、ハクサイなどの葉菜類のセル苗は、そのやり方である。

一方、果菜類の購入苗はセル苗か、小さいポットの苗である。これもそのまま定植すれば苗づくり用の施設や資材はいらない。しかし、果菜はもっと齢を進ませて定植する目的で、購入後に大きなポットに鉢上げして「二次育苗」する場合もある。苗の齢を進ませて定植することの有利さはすでに述べた。

苗づくりには多くのコツがある。コツは自家育苗では使えても、大量の苗を連続的に生産する今の分業体制のもとでは使えないものも多い。

本書では、管理が十分に行き届く自家育苗を想定して述べる。コツは文章にすることが困難であるがゆえにコツだともいえるが、筆者なりに伝えることを試みたい。また、購入苗を利用する人には必要のない記述も、苗に対する目利きとして活かしてもらえるとありがたい。

ポット床土の土粒は不均一がいい

苗づくりには三種類の用土を使う。播種用、セル用、ポット用である。用土は自家製で

タイプ別　床土とその後の管理の関係

	床土の状態		苗のときのかん水	定植から収穫開始までの草姿づくり（生育調節）
ポット床土	自家製	そのまま（不均一）	控えることが可能	苗のときの草姿をもとにラクラク
		フルイにかける（均一）	控えるのはむずかしい	綿密な管理が必要
	購入品（均一）		控えるのはむずかしい	綿密な管理が必要
セル床土	購入品（均一）		控えることができない	長期の綿密な管理が必要（栄養生長が強いため）

もいいし、購入品でもよい。購入するなら三種類とも専用の商品が販売されている。

用土の粒子の均一さが求められる播種用土とセル用土は購入したほうがいいだろう。とくにセル用土は軽くふわふわしていなければならず、ぜひ、購入品を使うべきである。幸い、播種用土もセル用土も、ポット用土に比べると使う量は多くはなく、購入してもそれほど出費はかさまない。

自家製用土をつくるならポット用である。ポットでつくる苗は果菜類である。

ポット用土は使う量が多いので、自家製では安価な原土を多くして、高価な副素材を節約すると、経営的にも有利である。

自家製用土のよい点は、いろんな大きさの土粒が混ざり合ったものをつくれることである。そういう土は充実した苗をつくりやすい。

土粒の大きさが不均一だと、ポット内の大部分が乾いても、どこかに水が存在する状態をつくることができる。苗にすれば「水をラクに吸うことができないが、萎れはしない」といった状況になり、このことが充実した苗をつくる。

また、副素材よりも原土の割合の多いポット用土は、定植する圃場との物理性の乖離が小さいので活着が早い。難点をいえば重いことである。

購入するポット用土は、商品として粒の斉一性が求められるので、播種用土とセル用土ほど小さくはないが、粒の大きさは均一である。しかし、後述する水のかけ方をすれば、十分、充実した苗にすることができる。

なお、ポット用につくった自家製用土をフルイにかけ、小さい粒のところを、箱まき用に使うことはできる。ただし、セル用には使えない。セルトレイは土を詰めても片手でもてることが身上だが、自家製の重い用土ではそれができない。また、果菜には接ぎ木後、セルに挿す品目が多く、ふわふわして挿しやすい土でなければならない。その面でも原土の多い自家製は無理である（表）。

ナス類はバラまき、ウリ類は列を揃えてタネをまく

間隔さえとれるならバラまきでよい

苗をつくる場合、キャベツ、レタス、ハクサイなどの葉菜類は、小さなセルにまいてそのまま仕上げる。育苗期間も短い。

果菜類にも、メロンやカボチャのようにセルやポットに直接まく品目もあるが、トマト、キュウリ、スイカ、ピーマン（一部品種）は、接ぎ木をするので育苗期間が長い。これらの接ぎ木苗は、最終的にはポットか比較的大きなセルで苗に仕上げるが、必ず箱にタネをまくことから育苗が始まるのが特徴である。

箱のまき方にはバラまきと、きちんと並べるまき方がある。並べる理由は、どの苗にも光が十分あたるように、間隔をちゃんととっておきたいからである。だから、間隔さえとれるなら並べる必要はなく、バラまきでよい。バラまきのしやすさは品目で差がある。ナス類のトマト、ピーマン、ナスなどの小さな丸っこいタネはやりやすく、キュウリ、カボチャ（台木カボチャも）、メロンなどの大きく細長いタネはむずかしい。

タネを数えないでまく法

ナス類のタネを偏らないようにバラまくコツは、思いのほかつかみやすい。ぜひ、試みてほしい。もしタネのかたまった場所が少しぐらいできても、まき箱のなかで過ごす期間のナス類の苗は小さく、気にするほど陰になることはない。

バラまきする場合の一箱あたりのタネの数は、当然、並べてまく場合と同じである。し

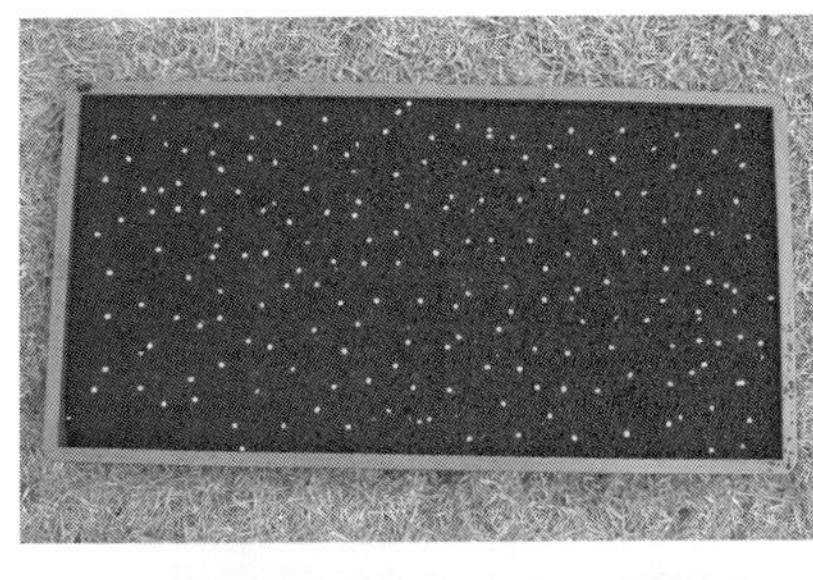

上：ナス類はバラまきで大丈夫。すぐ上手になる
（写真はピーマンの200粒まき）
下：ウリ類は並べてまいたほうがいい
（左はキュウリ、右は台木カボチャ、ともに70粒まき）

かし、いちいち数えていたのでは手間がかかる。そこで、最初の一箱分だけを数え、その盛りの大きさにならってほかの箱もまけばよい。あるいは、袋に入っている粒数がはっきりしている場合、いったん全部を袋から出し、目指す粒数になるように大まかに分けてもよい。例えば一箱に二〇〇粒まきたいとき、一〇〇〇粒入りの袋なら大まかに五分の一に分けるのである。

ウリ類はタネの向きの揃いが大事

ウリ類のキュウリ、カボチャ（台木カボチャも）、メロンなどのタネは指先であやつりにくく、バラまきはむずかしい。それに、ウリ類は発芽後の生長が早く、箱のなかで過ごす間に大きくなるので、タネがかたまると陰になる苗が出てくる。そのため並べてまく方法が主流になる。ただしウリ類であっても、発芽率の低下が予想される古ダネをまくときにはバラまきでよい。せっかく並べてまいても、並んで発芽してこないので意味がないからである。

イネの育苗箱を使う場合、箱の短辺に添って一〇列くらいのまき溝をつくり、一列に七〜一〇粒、全体で

子葉と芽の出方は決まっている

①子葉はタネの長軸の方向に開く

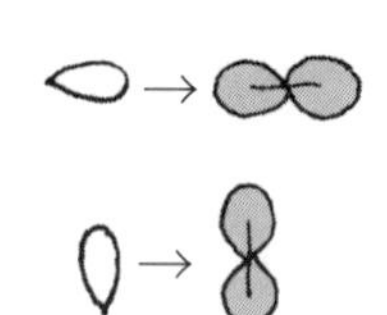

②芽の出る位置は品目で違う

キュウリ ← とがっていない側から出る

（キュウリだけここが鋭くとがっている）

カボチャ
メロン
スイカ
← とがっている側から出る

タネの並べ方と子葉の出方

タネの向きを揃え、かつ左右の向きも揃えた

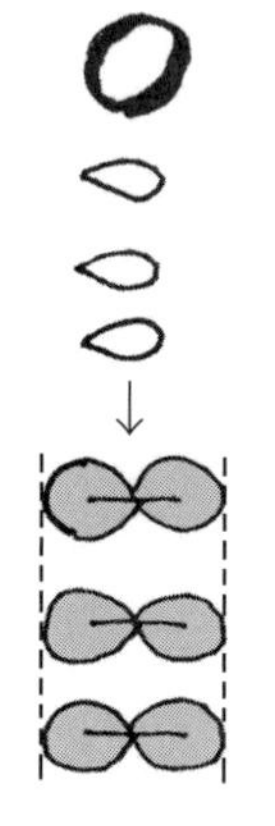

タネの向きを揃えたが、左右の向きは揃えなかった

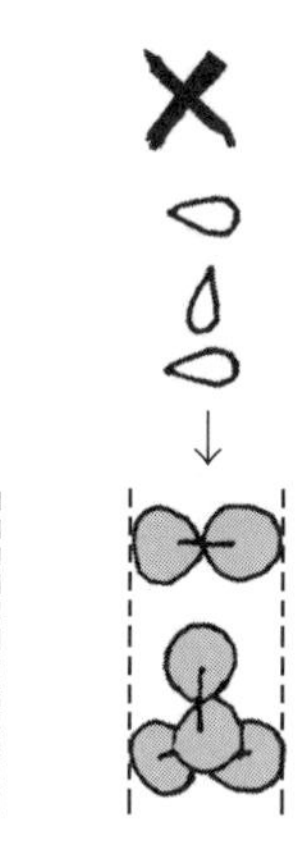

タネの向きを揃えなかった（覆土したときに動いてしまうこともある）

七〇～一〇〇粒まく。

このとき大切なのは、発芽後に光が十分あたるようにタネの向きを揃えることである。ウリ類の発芽には次のような決まりがあるからである。①子葉（双葉）はタネの長軸の方向に開く、②芽はタネのどちら側から出るかが決まっている。

列に対して直角に並べる

列状に並べたタネは左右等距離ではない。タネ間は狭く、列間は広い。だから、子葉が列の方向に対して横長に開くように発芽させたい。そのためには、タネを列の方向に対して直角（横）になるようにおくことが必要である。

なお、ウリ類のタネには尖った側と丸い側があるが、それまで揃える必要はないだろう。逆になっても子葉がズレるのはタネの長さぶんだけである。ついでながら、ウリ類のほとんどの品目は、タネの尖った側の種皮が開いて発芽するが、キュウリだけは丸い側の種皮

タネの厚さの半分を土に埋もれさせる感じで、軽く手で押さえてやるとよい

が開いて発芽する。

ナス類・ウリ類ともタネの覆土は厚く

せっかくうまく間隔をとってまいても、タネは覆土するときに動きやすい。これを防ぐには、覆土に先立って、タネの厚さの半分を土に埋もれさせる感じで、軽く手で押さえてやるとよい。

覆土の厚さはどうか。決まりはないが、作物共通にタネの厚さの二〜三倍といわれてきた（球根植えも同じ）。しかしこの目安は、重い水田土をベースにしてつくっていた自家製用土の頃の感覚である。購入用土を使う場合は、四〜五倍を目安にすべきである。購入用土は軽い原料でつくられている。そのため、従来の覆土の厚さでは、発芽のとき種皮を土に引っかけて子葉を抜け出させるのに苦労する。また、軽い用土は乾きやすく、タネを乾かさないためにも、従来の厚さでは足りない。

覆土を厚くするには、いわゆる「深まき」でもその状態をつくることができる。しかし、後述する理由（36頁「まき箱での湿害の防ぎ方」）でそれはしてはならない。あくまでも、タネの下の用土はそのままで、覆土を厚くすることが大切である。

まき箱での
湿害の防ぎ方

イネの育苗箱の浅さに注意

平成以前は、まき箱としてトロ箱が多く使われたが、今はイネの育苗箱になった。トロ箱は深さが八～一〇cm、イネの育苗箱は三cmであるが、イネの育苗箱は多湿の害が出やすい。次の理由による。

ザルや金網の容器に砂を入れ、容器ごと水に浸けて引き上げると、容器は隙間だらけなのに落下する水はわずかで、多量の水は底のほうに飽水状態の層をつくってとどまる。まき箱に水をかけた場合にも同じことがおこり、底のほうに飽水状態の多湿層ができる。この層のなかにタネが入り込むと息ができず死んでしまう。植物がもっとも湿害を受けやすい状態はタネのときである。

多湿層は用土の厚さに関係なく、同じぐらいの厚さで生じ、トロ箱でもイネの育苗箱でも厚さは変わらない。そのため、用土が厚いトロ箱では、タネは多湿層よりもかなり上に位置することになり、湿害の心配は少ない。それに対し用土が薄いイネの育苗箱では、タネが多湿層に入り込みやすいので湿害が出やすいのである。とくに、用土を節約して箱の五～六分目しか詰めずにまくと、タネが多湿層内に入り込んでしまう危険が高くなる。

用度はケチらずたっぷりと

湿害を避けるためには、用土は少なくとも箱の八分目くらい入れ、その上にタネをまいて覆土するようにしなければならない。

もっとも安全な方法は、箱に用土をほぼ満杯に詰め、その上に山脈状に覆土するやり方である（左下写真）。このやり方は並べてまいた場合に適している。バラまきでもできるが、タネのない場所にも多量の覆土をすることになるのでムダが多い。なお、山脈状の覆土は、発芽後は根じめかん水で均され、箱内の用土は平らな状態になる。

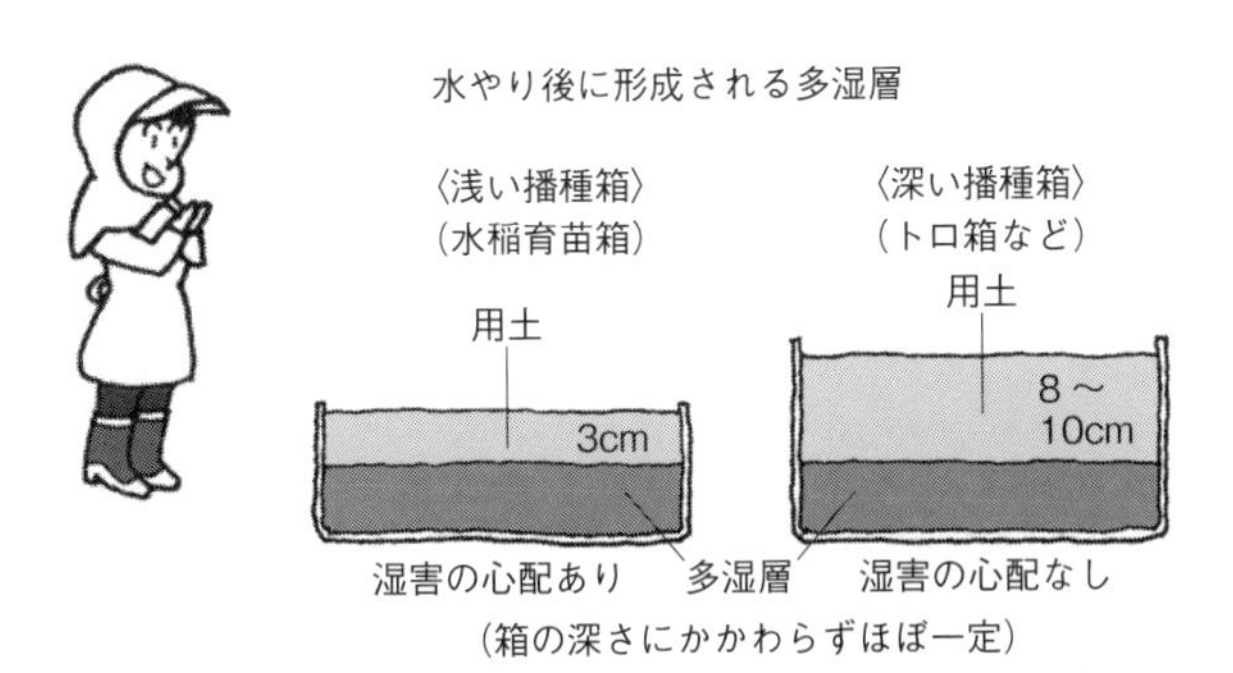

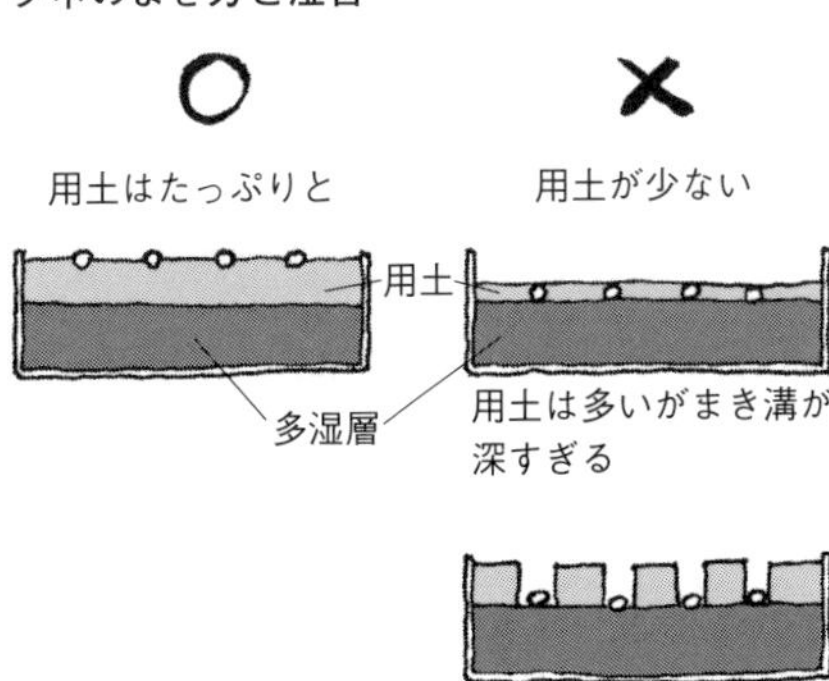

山脈状に覆土

タネが多湿層に入るまき方をしてしまったら箱を傾けて強制排水し、多湿層を下げる

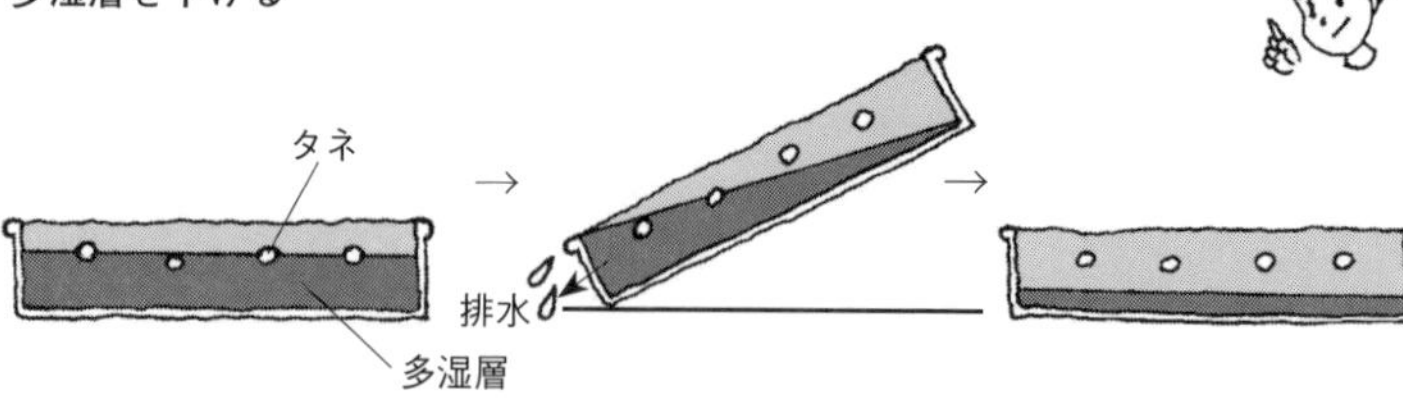

たっぷりかん水した後、育苗箱を傾けて排水

もし、タネが多湿層に入り込んでしまうようなまき方をしてしまった場合、対策は二つある。一つは、播種後にかける水の量を通常より少なくする方法である。しかし、この方法は、用土を万遍なく湿らせることができたのかどうか判断がむずかしく、あまり勧められない。もう一つは、とりあえず通常通りたっぷり水をやり、その後でまき箱を傾けて水を出し、多湿層の厚さを薄くする方法である。この方法なら湿りムラの心配もない。

ただし、それぞれの箱の排水の程度を揃える必要がある。そうしないと後の乾き方が揃わず、箱により水やりの適期がズレてくる。排水の程度を揃えるには、傾ける角度を一定にして、時間も一分とか二分とか一定にする。

強制排水している様子

なお、発芽さえしてしまえば湿害はおこらないので、発芽した後は多湿層のことを気にする必要はない。

イネの育苗箱が登場したおかげで、軽量化と用土の節約がはかられた。しかし、湿害のことを考えておく必要がある。用土の肥料分やpHに問題はないのに、発芽が悪いときは湿害を疑ってみる必要がある。湿害は低温によって助長されるので冬季はとくに注意する。

かん水のハス口は上向きか、下向きか（苗の水かけ）

まき箱、セル、ポットの用土の物理性（土の構造）は、水かけの影響を受ける。かかる水のスピードとしみ込むスピードの関係からくる影響である。比較的粗大な有機物を混ぜたポット用土を例に考えてみよう。

かかるスピードとしみ込むスピード

まず、かける水のスピードとしみ込むスピードが釣り合っている場合は、用土の構造はこわれない。これに対し、かかる水のスピードがしみ込むスピードよりも早い場合は、用土全体が軽く浮いた後、ストンと落とした状態になり、隙間が少なくなる。さらにこの水かけの時間が長いと、軽い原料と重い原料が上下に分離し、隙間が少なくなるだけでなく、原料の混ざり具合が台なしになる。用土の隙間が少なくなると乾きが早くなる。隙間がないと保水できないからである。隙間の効能は通気性だけでない。

ハス口やジョウロを上向きにしてかける

用土の製造時の物理性を保つには、しみ込むスピードに合わせた水かけをする必要がある。

苗の水のかけには三つのやり方がある。

まず、ハス口やジョウロを使い、水の出る部位を上向きにして、苗の高い位置から放物線を描いて水を与えるやり方がある。このかけ方は散水の範囲が広く、水が一カ所に集中

ハス口を上に、苗の高い位置から放物線を描くように与える。散水範囲が広く、水が1カ所に集中しないので、土の物理性も維持できる

しないため、かかるスピードとしみ込むスピードを釣り合わせやすい。コツは、水をかけながら用土の表面に目をやり、しみ込めずに用土表面に浮いた水が見えたら、かける場所をさっと別の場所に移動させ（手首が動く程度の移動）、そこも水が浮いた状態になったら、またもとの場所に戻すことである。そうすることで、用土の物理性を保ちながらたっぷり水をかけられる。

このかけ方は、悠長な感じがあるのと、苗が倒伏すること、葉が濡れて病気にかかりやすいという思いこみで、すっかり行なわれなくなっているようだ。しかし、苗が倒伏する

水かけで用土の物理性が変わる

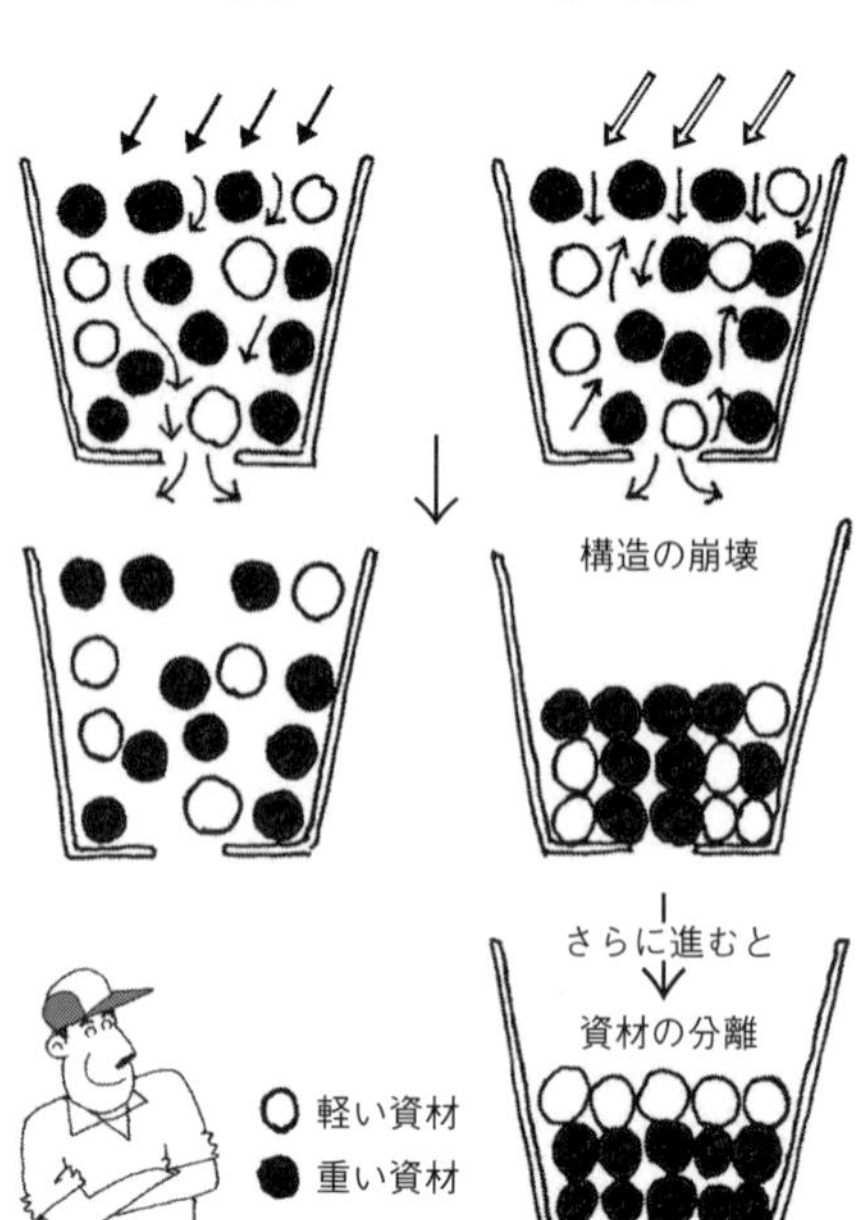

ハス口を下向きに、苗の近くから直線的にあたるやり方。発芽直後の根じめかん水には向いているが、土の物理性はこわれる

苗づくりでは好まれるやり方だが、水のかかる範囲は狭く、土の物理性も維持されにくい

3つの水のかけ方と特徴

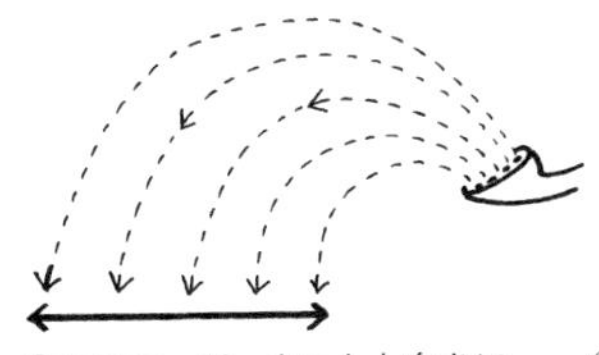

①ハス口・ジョウロを上向きにして高い位置からかける。水は放物線を描いて落下（水のしみ込むスピードとかかるスピードを釣り合わせやすい）。

②ハス口・ジョウロを下向きにして近くからかける。水は直線で落下（水がしみ込むスピードよりもかかるスピードが早い）。

③ホースでチョロチョロかける（局所的にしみ込むスピードよりもかかるスピードが早い）。

水かけの方法と向き不向き

ケース	①ハスロ・ジョウロを上向き	②ハスロ・ジョウロを下向き	③ホースでチョロチョロ
苗づくりのほとんどの場面で行なう基本的な水かけ	○	×	×
発芽後の根じめのための水かけ	×	○	×
呼び接ぎ直後の切り口を濡らさないための水かけ	×	×	○

のは水が横なぐりになっているからで、真っすぐ落下させれば問題ない。降雨で草が倒伏しないのと同じである。また、葉が濡れたとしても午前中であれば短時間で乾くので、病気の原因になることはない。

このかけ方は、用土の物理性を保ちながらしっかり湿らせることのできるすぐれた方法である。苗づくりのあらゆる場面で使える貴重なかけ方として継承しなければならない。とくに、物理性に凝った用土をつくっておいて採用しないのはおかしい。

ハスロやジョウロを下向きにしてかける

二つ目は、ハス口やジョウロの水の出る部位を下向きにして、苗の近い位置から直線的に水を与えるやり方である。かかるスピードが早いためか、専門の野菜農家にも趣味家にも人気のあるやり方ではあるが、しみ込むスピードよりもかかるスピードが早くなりがちで、用土は物理性がこわれ、緻密になる。

ただし、発芽後の「根じめかん水」には向いている。根じめかん水は発芽揃い時に行なうかん水で、発芽でささくれ立った用土を均し、胚軸と用土を密着させるのが目的である。そのために用土を一時的に飽水状態にする。

播種に使う用土は、購入品にしろ、フルイにかけて調整した自家製にしろ粒状で排水がよい。こうした土を飽水状態にするには、水のかかるスピードが早いかけ方が向いている。次に述べるホースでかけるやり方も水のかかるスピードは早いが、かかる範囲が狭すぎてうまくいかない。やはりハス口かジョウロでなければならない。

根じめかん水は用土の物理性をこわすが、用土がささくれ立ったままのほうが、弊害が大きい。また、苗がまき箱内にあるのは残り数日で、土が緻密になる悪影響が出る前に別の場所に移る。

なお、セルにタネをまいたときにも根じめは必要であるが、セル用土はとくに軽くつくられているので、ふだんの水かけをすれば、ささくれ立った用土はもとに収まる。

ホースから直接かける

三つ目は、ハス口やジョウロは使わずにホースから直接チョロチョロとかけるやり方である。苗づくりでもっとも愛好されているかけ方かもしれない。

このかけ方は、かかる範囲が狭いのが難点である。また、おだやかな印象に反し、局所的にしみ込むスピードよりもかかるスピードが早い。結局、全体にかけると全体の物理性をこわす。水の圧を下げるためにホースの先端に手袋や袋状の布をかぶせる場合もあるが、たいして変わらない。

ただし、呼び接ぎ直後の切り込んだ部分を濡らさない水かけは、この方法が適している。幸い、呼び接ぎでこの水かけをするのは接ぎ木した日の一回だけであり、物理性への悪影響が出る前に、やさしい水かけに戻すことができる。

苗に水を均一にかけるには？

苗づくりの第一の目標は生育を揃えることである。それにはまず、苗に水が均等にかかるようにすることである。しかしこれが意外にむずかしい。ポット苗にしてもセル苗にしても、並べた苗の周辺部よりも内側に多くかかってしまうことが多い。そうなってしまう理由は、水をかける人の二つの行動にある。以下、ハス口を上向きにしてかけるやり方を例に述べる。

真ん中ばかりに水がたっぷり!?

一つは、苗の並んでいる範囲に水をかけようとし、通路など苗の並んでいない場所に水がかかることを嫌うからである。水をムダにしたくないという自然な行動である。

もう一つは、水かけ中の視線が、かけようとする場所にほぼ釘付けとなり、その場所以外に水がかかっていても目に入らないからである。水がかかっている場所が実際にはもっと広いことに気づかない。

この二つの行動のために、手前↓中央↓向こう側の順で水をかけていく場合、手前をかけるときには一番手前の苗をかん水範囲の元のほうでかける。そのとき同時に中央の苗にも水がかかっている。しかし、それが見えていないので、中央は中央でもう一度かける。

一方、向こう側をかけるときには一番向こうの苗にかん水の先端部をあててしまう。こうすると中央部の苗にはまた水がかかる。このように中央部の苗は、周辺の苗に比べ三倍近い水がかかるのである。これでは苗の生育は揃わない。

水はケチらず、苗の周りや通路にかかるようにする

そうなることを防ぎ、均等に水をかけるには、手前も中央部も向こう側も、かん水範囲の真ん中あたりでかけていくとよい。これだと、苗のない場所に多量のムダ水が落ちる。

このことがどうしても気になり、水をかけているうちにどうかすると従来のやり方に戻りかかる。そんなときは、仮想の苗を周辺部に一列おくと心理的な抵抗が薄らぎ、うまくいく。つまり周辺部にもう一列あると思ってかける。ムダになる水を惜しまずかけるのである。こういうかけ方をした後に、周辺部の苗だけをもう一度、軽くグルリ

偏りの出やすいかん水と均一にかかるかん水

〈偏りの出やすいかん水〉… かん水範囲の元や先端部でかけていく

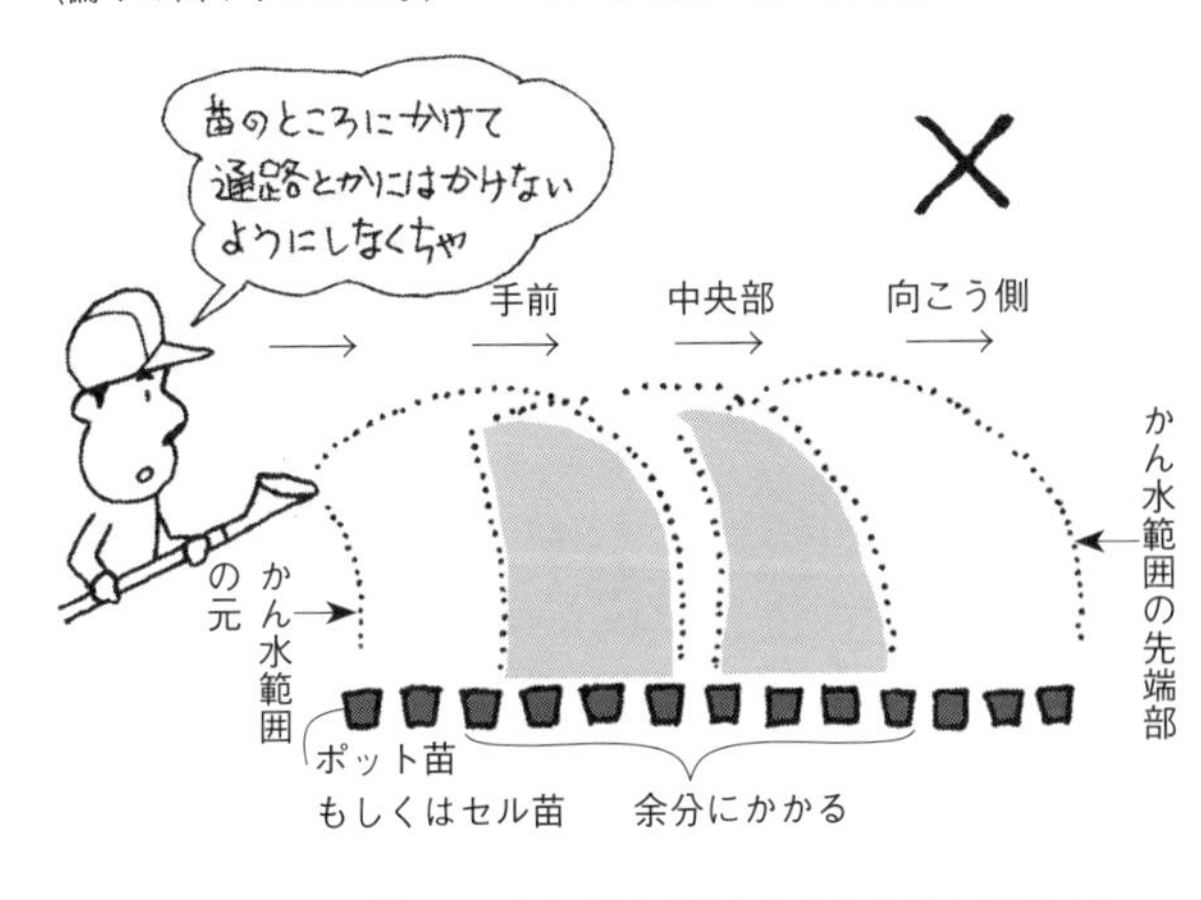

〈均一にかかるかん水〉…かん水範囲の真ん中あたりでかけていく

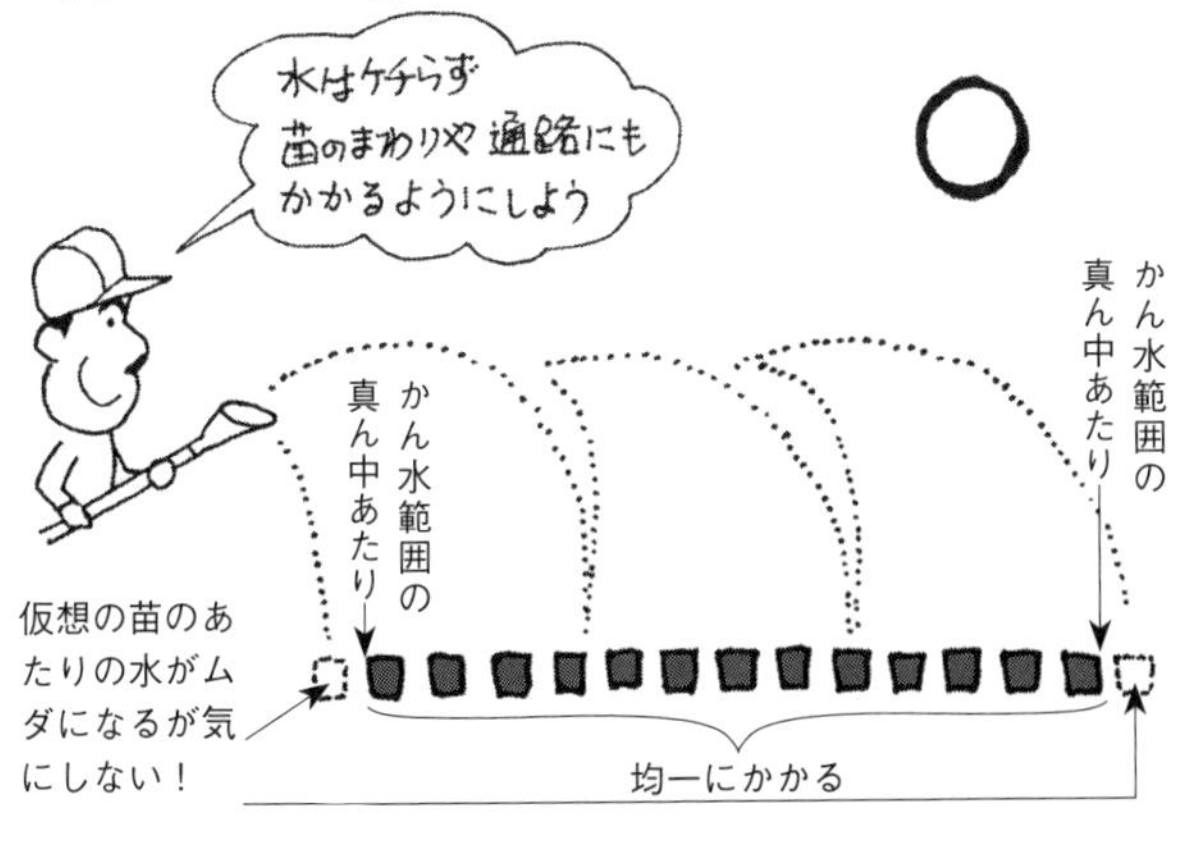

とかけると万全である。

なお、同じことはまき箱でもおこる。しかし、まき箱の場合は床土の底がつながっているので、場所により不均一になることはほとんどない。

●コラム●

瞬時の対応としての水かけ

苗が土の乾燥で萎れ始めたときには、瞬時の水かけが必要である。とくに夏はぐずぐずしていると葉が脱水して傷を残す。苗が萎れるのは、箱でもセルでもポットでも底まで乾いたからであり、対応としては底まで湿る水かけをすることになる。しかし、そういう水かけは時間がかかる。苗が少数なら葉が脱水する前に水かけを終えることができるが、問題は大量の苗が萎れ始めたときである。端の苗から順番に水かけをしていたのでは、すぐに水をもらえない苗の葉が脱水する。

脱水を防ぐには、まず、走るような水かけで全体の苗の葉だけを濡らし、その上で底まで湿らせる水かけをするとよい。単純なことであるが、するとしないとでは大違いである。

郵便はがき

おそれいります
が切手をはって
お出し下さい

3350022

（受取人）
埼玉県戸田市上戸田
2丁目2−2

農文協
読者カード係 行

◎ このカードは当会の今後の刊行計画及び、新刊等の案内に役だたせていただきたいと思います。　　はじめての方は○印を（　）

ご住所	（〒　　−　　） TEL： FAX：
お名前	男・女　　歳
E-mail：	
ご職業	公務員・会社員・自営業・自由業・主婦・農漁業・教職員（大学・短大・高校・中学・小学・他）研究生・学生・団体職員・その他（　　）
お勤め先・学校名	日頃ご覧の新聞・雑誌名

※この葉書にお書きいただいた個人情報は、新刊案内や見本誌送付、ご注文品の配送、確認等の連絡のために使用し、その目的以外での利用はいたしません。

● ご感想をインターネット等で紹介させていただく場合がございます。ご了承下さい。

● 送料無料・農文協以外の書籍も注文できる会員制通販書店「田舎の本屋さん」入会募集中！
案内進呈します。　希望□

■毎月抽選で10名様に見本誌を1冊進呈■（ご希望の雑誌名ひとつに○を）

①現代農業　②季刊 地 域　③うかたま

お客様コード □□□□□□□□□□

お買上げの本

■ご購入いただいた書店（　　　　　　　　書店）

●本書についてご感想など

●今後の出版物についてのご希望など

この本をお求めの動機	広告を見て（紙・誌名）	書店で見て	書評を見て（紙・誌名）	インターネットを見て	知人・先生のすすめで	図書館で見て

◇ 新規注文書 ◇　　郵送ご希望の場合、送料をご負担いただきます。

購入希望の図書がありましたら、下記へご記入下さい。お支払いはCVS・郵便振替でお願いします。

（書名）　　　　（定価）￥　　　　（部数）　　部

（書名）　　　　（定価）￥　　　　（部数）　　部

たかがハス口、されどハス口

苗づくりの水かけ

苗づくりの水かけは、圃場の水かけと次の点が異なる。

圃場は、かん水チューブなどを用いて、管理者に見えない場所を含む広い面積を一度にかける。水は土中で縦にも横にも自由に移動する。

これに対し苗づくりの水かけは、かける場所を見ながらの作業である。また、かける場所はまき箱、セル、ポットなどの容器内である。

苗づくりの水かけは、場面により強めのやり方をするが、平常はやさしいかけ方をする。育苗用土は、物理性に凝った自家製はいうまでもなく、購入品も孔隙をもたせるためのそれなりの手が入っている。用土のそういう物理性をこわさないのが、やさしいかけ方である。

水かけに使う用具は、日に一回の水かけでは足りない苗（例えば夏季のイチゴ苗）では、散水型のチューブを使って自動化することもあるが、大多数の野菜はホースの先にハス口（ジョーロも同じ）を付けてかけるか、ホースから直接かけるかである。

かける水の状態は、ハス口は散水、ホースは水流である。ホースの先に塩ビパイプを差し込んでかけることもあるが、水流によるかけ方であることに違いはない。ハス口は上向きにして使うか、下向きにして使うかで、水のかかり方が違う。

それぞれの水のかかり方の特徴と使う場面を述べる。

ハス口を上に向け、やさしい水かけ

水をホースから直接かけるやり方に比べ、ハス口を使うことのよい点は、一度に複数の苗にやさしい水かけができることである。やさしい水かけとは、用土をしっかり湿らせることはもちろん、株全体を濡らしても苗が倒れないやり方である。

植物は、雨にあたっても、横なぐりの雨でない限り倒れないように、水かけも小さな水滴を、放物線を描くように苗の真上から注げば倒れない。水の出る面を上向きにしてハス口を使えば、水はいったん上に向かい、放物線を描きながら用土と苗にソフトに降り注ぐ。これがやさしい水かけのやり方である。

水滴を苗の真上から落下させるためには、いったん苗のそばの通路などで水の落下状態を確認して、そのままハス口を苗の上を横移動させるとよい。

葉を濡らすのもよい

やさしい水かけは、時間をかけてゆっくり行なうことになるので、能率のすぐれたやり方ではない。しかし、用土に降りかかる水の量を、用土にしみ込む水の量より多くしないかけ方ができるので、用土の物理性を乱さない。

また、葉を濡らすというよい点もある。病気にかからせないためには、葉は濡らさないほうがよいとの意見があるが、病気が問題になるのは、葉が一晩中乾かないなど長時間濡れている場合であって、晴天日の昼間に行なう水かけが病気の発生を助長することはない。

それどころか、定期的に葉を濡らすと植物の組織の硬化を防ぎ、みずみずしい苗に仕上がる。

ハス口の扱い方に注意

ハス口を使うと小雨に似たやさしい水かけをすることができる。その機能を失わせないために、日頃からそれなりの扱い方をしたい。

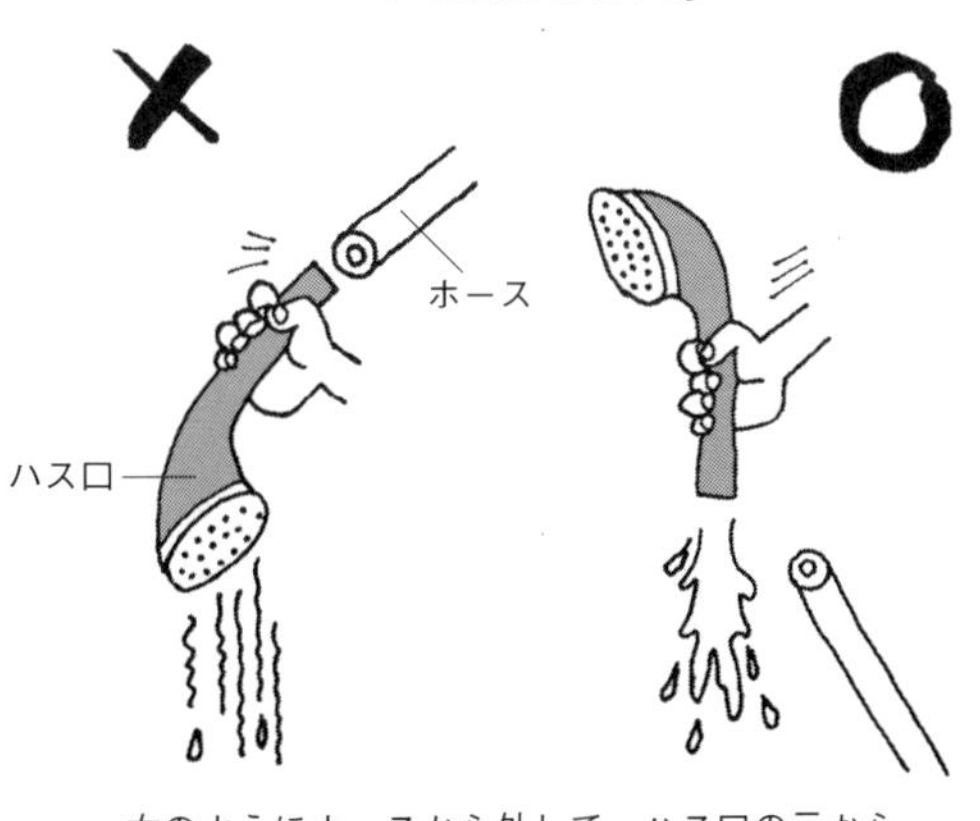

右のようにホースから外して、ハス口の元から水を切ると孔は目詰まりしない

例えば、目詰まりした孔ができると、ムラのあるシャワーになってしまう。水かけの後ハス口内の水を図の左のように切ると、ゴミで詰まる孔ができやすい。右のようにハス口内にまだ水があるうちにホースから素早く引き抜いて、元のほうから水を切るようにすると孔は詰まらない。そのために、水かけ後ハス口を簡単に外せるよう、ホースには強く差し込まないことである。

ホース内に生じた水ごけでも孔は詰まる。水ごけは光を通さないホースには生じないので、光を通すホースだけの心配である。

使用した後、なかの水を抜いておくと水ご

けは生じない。液肥を通した後は必ず抜かないと、すぐに水ごけが繁殖する。

また、水の出る面が石などの硬いものにあたって凹みができると、凹んだ部分から出る水だけが強くなり、全体にやさしくかけることができなくなる。

ホースに深く差し込んだハス口は簡単には抜けないので、そのまま移動したり収納したりするが、これも打撃による凹みが生じる機会を増やす。やはりホースには浅く装着し、水かけ後は外して保管するのがよい。

何も、ハス口にそこまでこだわらなくてもいいだろうと思う読者もいるかもしれない。しかし、かつての篤農家は苗の水かけ名人でもあり、自分のハス口に愛着をもっていた。たかがハス口、されどハス口である。

ポットとセルでは水かけが違う

定植後の草姿づくりは最初のもっとも重要な関門

ポット苗とセル苗とでは、よい苗の基準が異なる。今回は、育苗と定植後の管理をつなぐ話である。

まず、ポット苗から見てみよう。定植した後の草姿づくりの場面から考えると、よい苗の姿が見えてくる。

果菜は、茎葉が大きければいいというものではない。限られた面積に一定数の株を植え込むつごうや、果実の生長とのバランスをとる必要などから、ほどよい大きさというものがある。そういう草姿にもっていく管理、すなわち草姿づくりは、果菜栽培にいくつかある関門のなかで、もっとも初期に位置する、もっとも重要な関門である。

草姿づくりは、果実の負担が株にまだかかっていない時期に行なう。株が旺盛な生育に向かう状態にあるこの時期に手を打たないと大きな茎葉になってしまう。そこで、草姿づくりはふつう、水かけを制限して生育を抑える方向の管理が行なわれる。

ポット苗は、水を控えて充実した苗に

草姿づくりは定植後の管理ではあるが、苗のときにその下準備を終えておくとずいぶんラクをするし、目標の草姿に近づきやすい。育苗中に水のかかりすぎていない苗は充実した茎葉をしているため、萎れにくく、定植後の水かけの制限がやりやすいのである。

逆に、育苗段階で水をかけすぎて徒長させてしまった苗は、定植後に水かけの制限を

すると、強度の萎れをおこす。そのため、水をしょっちゅうちょこちょこやらねばならず、生育を抑えるのがむずかしい。しかも、ちょこちょこでもそれらの水はウネ内にしっかり残り、後日生育に弾みがついて理想の草姿からますます遠のいてしまう。

したがって、水のかかりすぎていない充実した苗がよいポット苗ということになる。そういう苗は、一回の水量を少なくするのではなく、かけるときにはしっかりかけて、次の水かけを土が白く乾き始める頃まで待つという方法でつくることができる。

ただし、そういう水かけは、大部分は乾いてもどこかに水を保持できる性質をもつ用土でないとうまくいかない。

低水分でこらえさせる

そういう水かけができるかどうかは、床土の物理性（土粒の状態）にかかっている。苗を水太りさせないためには、「ラクに吸うことができないが、かといって萎れるまではいかない」といった水分状態を、床土が一定時間保てなければならない。つまり、水をかけるときはあくまでもたっぷりやるとして、次の水かけまでの時間を長くとれる床土でなければならない。床土の大部分が乾いても、何とかやりくりできるだけの水がどこかにあるため、苗は一定時間こらえることができる水分状態が大切なのである。こらえた時間の積み重ねが充実した苗をつくる。

そういう床土は土壌水分が不均一であり、そのためには床土を構成する土粒の大きさも

ポット床土の土粒は不均一がいい——水の制限が可能

〈土粒の均一な用土〉　〈土粒の不均一な用土〉

ポット苗では

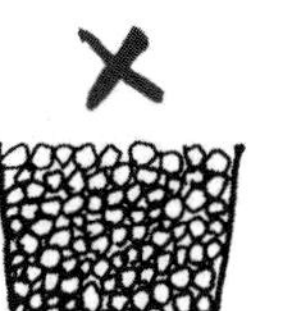

均一に乾いてしまうので
水の制限はむずかしい

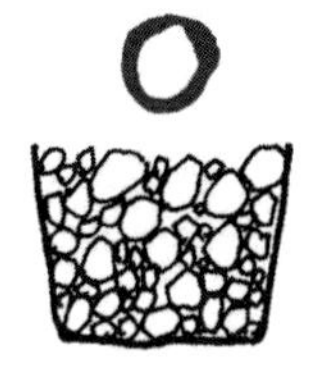

土の大部分は乾いても土壌中や隙間
に水分を保持して萎れを防ぐ

セル苗では

土は均一なほうがよいが、
均一に乾くので水の制限は
できない

容器間のバラツキが大きく
育苗が成り立たない

不均一なほうがよい。

自家製の床土は土粒の大きさが不均一である。これをいちいちフルイにかけて、小さな土粒に揃えている風景を見かける。播種用として使うのならそれでもかまわないが、ポット用なら、特別大きな土塊だけを砕いて、後は不均一のまま使うほうがよい。わざわざ粒を揃える必要はない。粒が均一な購入床土は、こらえられる時間が短い。そこを注意すれば、十分に充実した苗にすることができる。

セル苗は水を控えず、みずみずしい苗に

一方、セル苗は、水かけを制限することはできない。粒の小さい均一な用土を使ううえに一容器中の土量が少ないため、乾かすと根圏のどこもここも均一に乾いてしまうのである。それに、初期の萎れから短時間で強度の萎れに至る。苗のときの強度の萎れは、定植後まで長く尾を

引き減収を招く。セル育苗では、つねに一定以上の湿りを保持させておくことが大切である。

よいセル苗とは、乾燥に一度も遭遇したことのないみずみずしい苗である。セル苗の水の制限は、二次育苗のためポットに上げた後、あるいは圃場に直接定植した後ということになる。

苗の種類と水かけ

	用土が多く乾き始めてかん水	用土はつねに一定以上の湿りを保持
ポット苗	○	×
セル苗	×	○

床土の肥料は流れるのがあたり前

床土のチッソは減るばかり

床土も買う時代になった。床土を選ぶときにチェックする項目として、清潔さ、物理性、pH、肥料（とくにチッソ）などがある。どれも大切な性質だが、肥料だけは、自家製なら凝りすぎない、購入用土なら期待しすぎないことが大切である。圃場の肥料とはちょっと事情が違うのである。

購入床土のチッソは、ほとんどが硝酸態チッソである。硝酸態チッソは水に流れやすい。そういう床土を、まき箱やセルやポットなどの「容器」内で使うところに圃場の肥料との違いがある。

圃場の肥料のチッソは硝酸態チッソだけでなく、水に流れにくいアンモニア態チッソも多く含む。また、水かけで地下に流れても、やがて毛管現象で大部分は表層に戻ってくる。戻らないぶんがあっても、やがて根がそこに伸びて吸収する。これに対し、床土の肥料は、水で容器外に押し出されると二度と利用できない。これはチッソだけで

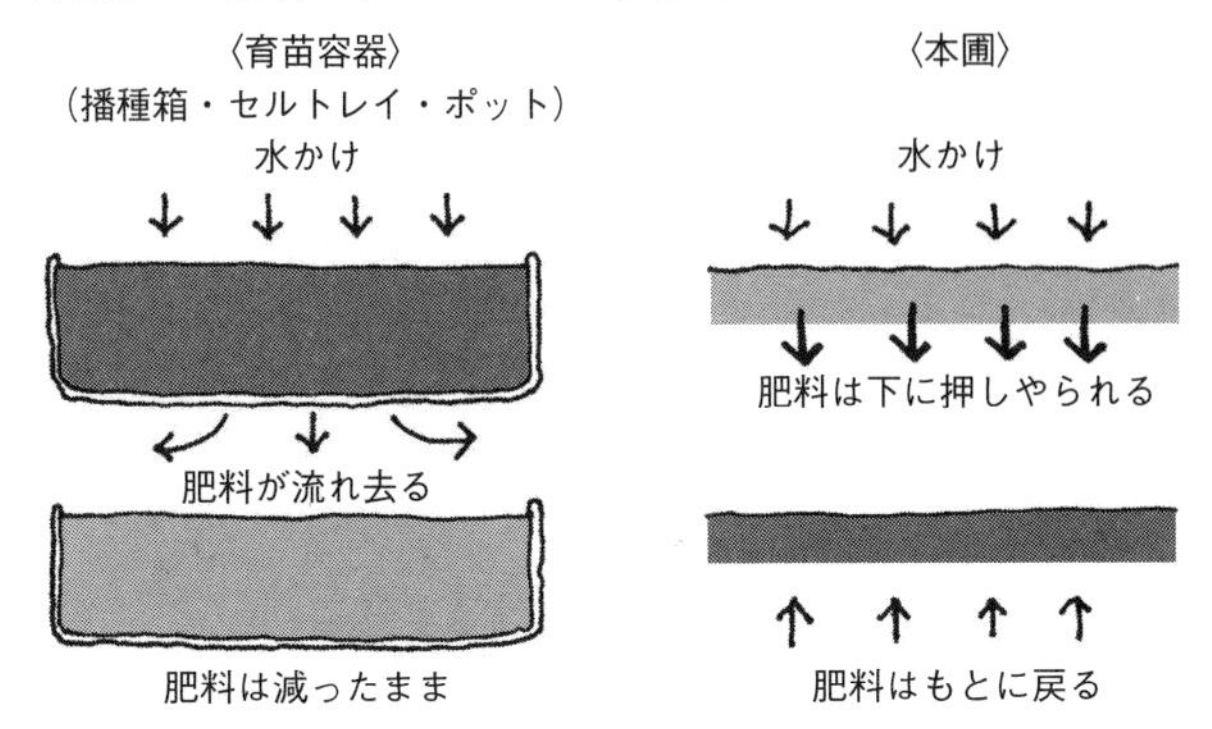

なくリン酸もカリも同じである。床土の肥料は何もしなければ減るばかりである。肥料の含有量が自分好み床土であっても、その状態は最初の水かけまでである。

キリッとした苗にするには肥料を補給すべし

だから購入床土では、保証された肥料濃度がちょうどよくても途中で足りなくなる。とくに、育苗期間が長くなるポット育苗でそうだ。育苗期間の短い播種用やセル用の床土の場合は、肥料が流れてしまう前に、必要な量をあらかた苗が吸い込むので、目立った問題はおこらない。しかし、肥料の効いたキリッとした苗にしようと思えば、これらの床土の場合も、肥料を補給して濃度が下がりすぎないようにしたほうがよい。

安い床土で十分、濃いめの液肥を回数少なく

苗づくりのときの肥料の補充には液肥を使う。床土の肥料濃度を自分の望む状態にするには、その濃度の液肥をかけるのがもっとも確実で手っ取り早い。肥料をほとんど含まない床土であっても、水かけを兼ねて液肥をやれば、たちどころに適濃度にすることができる。

一方、肥料を含んだ床土に液肥をやると、肥料が上積みされて過剰になるような感じをいだく。確かに、液肥を床土中にとどまる量しか与えないときは上積み状態になる。しかし、実際にはそういう液肥かけはしない。必ず容器の底から流れ出るほどの量をかける。そのため、床土中の肥料の多くは液肥に押し出され、液肥と入れ替わる動きをする。だか

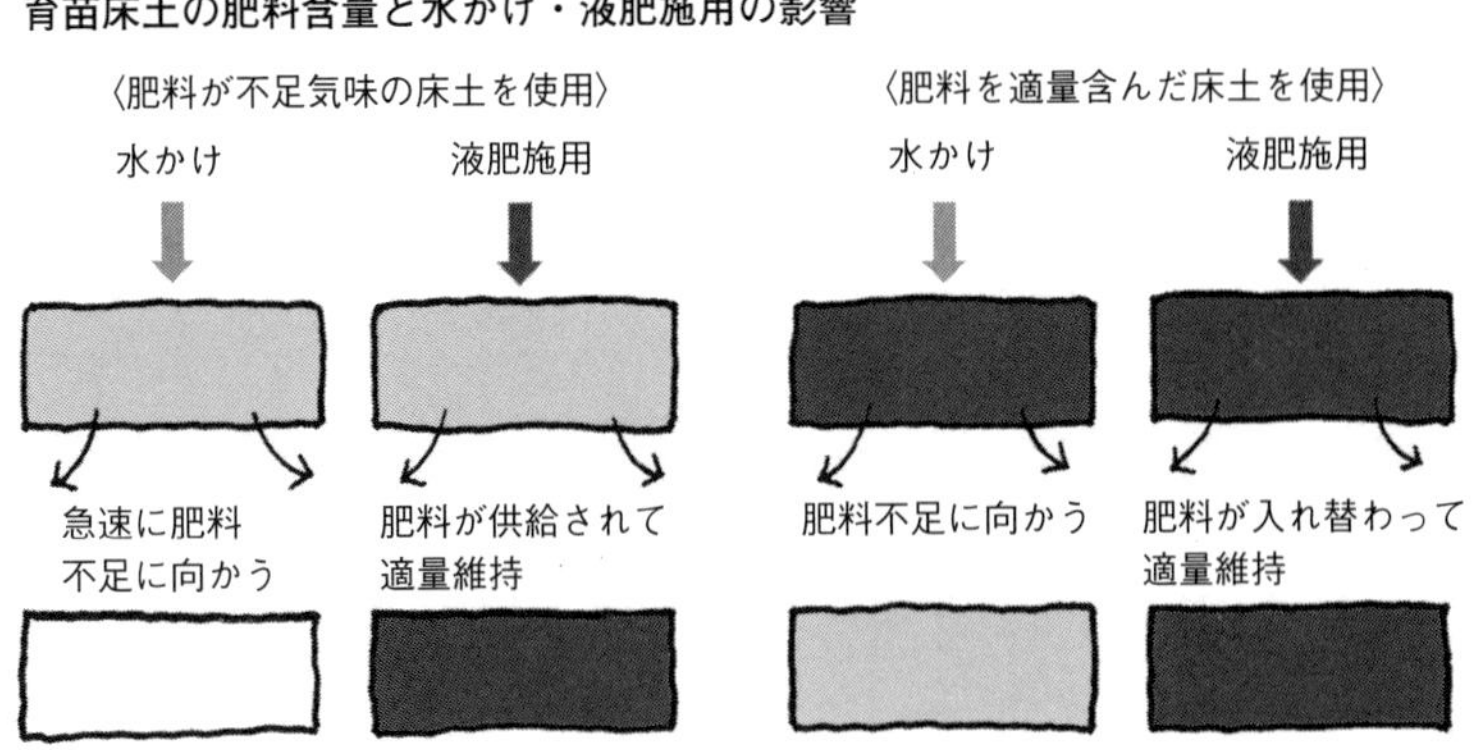

ら、肥料が過剰になることはない。

床土が含んでいる肥料の多少にかかわらず、望む濃度にするには、望む濃度の液肥をたっぷりかければよい。

床土中の肥料濃度が液肥でどうにでもなる以上、肥料に凝った床土をつくっても割に合わない。また、肥料を多く含むために高価になっている床土を買っても、一回の水かけでその性質は失われる。

肥料分は少なくても、清潔さ、物理性、pHが条件を満たしているならそれで十分である。よい苗をつくるには、床土の肥料濃度にこだわるより、液肥を上手に使う技術を覚えるほうが有益である。

い限り減るばかりである。

育苗床土の肥料分は液肥でおき換わる

前述の通り、育苗床土の肥料はつねに底が抜けた状態におかれており、養分は補充しない限り減るばかりである。

液肥で肥料分をおき換える

培土メーカーは、おもに育苗センターなどの要望に添って肥料の含量を整える。多くの育苗センターは追肥せず、床土のもつ肥料だけに頼っている。そこを見越して肥料が混入されているため、水かけによる流亡が続くけれども、比較的短期の苗づくりで出荷する育苗センターの苗が肥料切れ状態になることはない。しかし、葉色の濃い苗を好む農家からすると、もう少し肥料をやりたいという状態かもしれない。

もう少し肥料を効かせたいときと大きなポットで長期間育てるときは、途中で液肥をやることになるが、圃場とは違い、それが床土中の肥料に上積みされるわけではない。前述のように「押し出し現象」があるため、まるまるではないが、床土の肥料の多くは液肥とおき換わると考えたほうがよい。

このことはある面、非常に好都合な現象であり、床土の化学性を自分の好みの状態にしたい場合、液肥を自分の好みの濃度に希釈して、床土中の肥料を押し出すつもりで大量にかければよいことになる。

では、その液肥の希釈倍数は？

苗に液肥をやるときの希釈倍数は、厳密には液肥の肥料（おもにチッソ）の含有率で変わるが、多くの製品が一〇～一五％くらいのチッソ含有率なので、どれも同程度の希釈倍数で使用してよい。

筆者の知る限り、一〇〇〇倍に希釈して使用している人が多い。しかし、これでは薄すぎる。

チッソの含有率が一〇％の液肥を一〇〇〇倍にしたときの一ℓ中のチッソは一〇〇mg、チッソの含有率一五％のものでは一五〇mgになる。どちらも養液栽培で野菜をつくるときの適濃度に近い。つまり、根がしょっちゅう浸っている場合にちょうどよい濃度であり、苗づくりでときどき液肥をやる濃度としては薄すぎる。

液肥は、施用労力の面からも、充実した苗にするためにも、四〇〇～五〇〇倍液をときどきかけるのがよい。七～八回の水かけのうち一回を液肥施用にあてるのがいいだろう。

育苗前半は高濃度液肥でむしろ〝充実〟

ところで、よい苗とはどういう苗をいうのだろうか。〝生育がよくて大きい苗〟というのが無難な答えかと思えるが、見た目がよく能力も高いのは、そういう苗ではなく、むしろ生育がいくぶん抑えられた苗である。いわゆる〝充実した苗〟である。

肥料と野菜の生育との関係は、土中の肥料濃度が高いと生育がよくなり、低いと悪くなるという考えが定着しており、充実した苗にするには肥料は少なめがいいように思いがちである。

しかし、充実した苗にするための濃度は、生育がもっとも旺盛になる濃度よりも、もっと高いところにある。その濃度では苗の吸水が適度に抑えられるので、充実した苗にすることができる。四〇〇〜五〇〇倍の液肥をときどきかけることで、その状態にもっていくことができる。イチゴのように育苗後半に葉内のチッソ濃度を落とさなければならない品目でも、草姿は充実させる必要があり、育苗前半は四〇〇〜五〇〇倍の液肥をときどきかけて育てるのがよい。

なお、苗の肥料に対するこの反応は、定植後、根が容器から出て自由に伸長するようになると様相が変わり、苗のときと同じように高濃度がいい品目と、低〜中濃度がいい品目に分かれる（肥料濃度と生育の関係は、１４３ページを参照）。

液肥散布後にさっと葉水を打つ

苗の葉についた液肥は乾燥すると濃くなり、葉の縁を傷めることがある。液肥をかけた後は、さっと葉水を打ったほうがよい。

この葉水は、床土にまで水が達するほどの多量の水かけではない。また、葉上の液肥を洗う水かけでもない。葉上の液肥の水滴に真水の水滴を足すイメージの水かけである。そのためには水滴は小さくてまばらなほうがよく、ハス口を上向きにしたかけ方が向いている。

液肥は、播種時にかけるべし

苗づくり最初の液肥かけは播種時に

肥料が流れ去ってもとに戻らない現象とおき換わる現象は、セルやポットだけなく、まき箱でもおきる。そこで、苗づくりでの最初の液肥かけを、播種時にすることを勧めたい。植物のタネが発芽するために必要な条件に、肥料は入っていない。だが、芽が地上に現われる前に根は伸び出している。つまり、植物は芽を見る前に肥料を吸って利用できる態勢にある。発芽後の液肥施用でも問題はないが、播種時に液肥をやれば丈夫な芽が早く出て、さらによい苗になる。

播種時のチッソが同化された状態で接ぐと、癒合も進む

播種時の液肥かけは、キュウリで考えてみるのが、一番ふさわしい。キュウリは、播種から接ぎ木までの日数が短い。断根接ぎをする場合、ふつうまいて七日目には接ぎ木がくる。そして、その後の順化は、従来の呼び接ぎに比べて光を格段に弱める必要があり、日数も長い。そのため、肥料の効いた丈夫な苗にして接がないと、順化中にめっきり消耗する。

この場合の「肥料が効いた状態」というのは、吸収されたチッソが光合成産物を使って同化された状態をいい、無機態チッソが体内に多量に存在することではない。

体内に無機態チッソが多いまま順化に入ると、光合成産物がそれの同化のために使われるので、かえって消耗が進む。

キュウリの芽が出揃うのは、まいて五日目である。接ぎ木まであと二日しかない。ここ

キュウリの播種後の生育と液肥管理（暖地の10月まき）

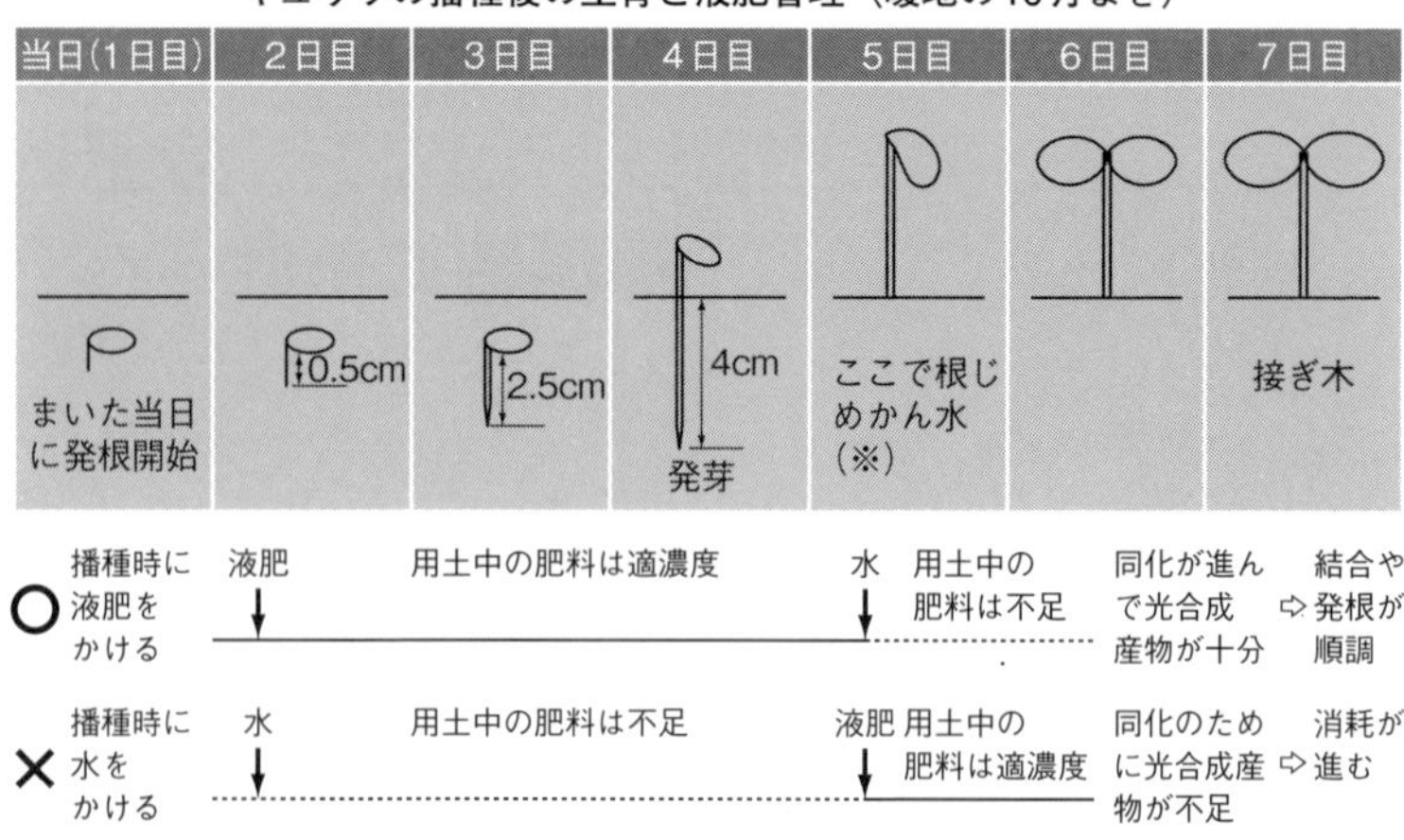

※5日目の「根じめかん水」とは、発芽によってささくれ立った用土を均すためのかん水

から肥料を吸わせると、天気によってはチッソが十分同化されないまま接ぎ木日を迎えてしまう。播種時に液肥をかけておけば、二〇時間後には発根が始まるので、そこから芽の出揃う五日目までの三日間に、肥料を適濃度の状態で吸収させることができる。そして、芽が出揃った時点でやる根じめかん水により、播種用土の肥料を流して接ぎ木まで二日間のチッソ吸収を抑え、播種四日目までに吸ったチッソを同化させることができる。

台木カボチャも以上のプロセスにほぼあてはまる。このように、接ぎ木までの日数が短い品目は、播種時の液肥かけと、根じめかん水による肥料切りをぜひ行なってほしい。

発芽が半日早く、子葉も大きく緑も濃い

播種時に液肥をやった場合とやらない場合とでは、どんな品目でもはっきり見分けがつく。液肥をやったほうは発芽が半日早く、子葉も大きく緑も濃い。接ぎ木までの日数が長いトマトも、接ぎ木をしない果菜も、葉菜類も播種時の液肥かけはやったほうがいいのである。

鉢上げは苗を寝かせろ

立たせるな、寝かせろ

メロン、カボチャ、ピーマン類などの接ぎ木をしない果菜は、まき箱で発芽させた後、ポットに鉢上げする。ポットに直接まかないのは、発芽しなかった鉢の用土がムダになることもあるが、鉢上げのときの軽い植え傷みが苗の姿をよくすることも理由の一つである。一方、一部を除いてセルに鉢上げをしないのは、セルは狭くて根のついた苗の移植がむずかしいからである。

苗は深植えになるような鉢上げをすると、発根が遅れて生育が停滞する。スムーズに発根させるためには、発根する部位を、通気性にすぐれる鉢土の表層域におくことが大切である。いわゆる浅植えしなければならない。浅植えというと、胚軸が埋まらないように根部だけに土をかけて、地上部は真っすぐ立てることが多い。しかし、このやり方は作業性が劣る。また、苗が腰高に仕上がり、大きくなると倒伏しやすい。

そういう鉢上げをしてしまう理由は、胚軸が土に埋まることは深植えだとの思い込みがあるからである。さらに、根は胚軸の下端から出るものであり、中央部や上部からは出ないとの考えも、思い込みを後押ししている。

作業がスピードアップ、腰のすわった根量の多い苗になる

鉢上げには苗を寝かせる方法を勧めたい。作業のやり方は、鉢土を片手でひとつかみ取り、そこに苗を横たえて、ほぼ胚軸全体を覆うように土を戻す。立てて植える方法に比べ

鉢内の土をガバッと握る（左、苗はシロウリ）、根量の多い腰のすわった苗（トマト）

作業がラクで、調子もとりやすい。一人でできる作業であるが、二人だとさらに能率が上がる。一人がまき箱から取り出した苗を鉢の上においていき、一人がその後ろから植えていく。植える人は鉢内の土をつかみ取るとき、加減せずにガバッと握ることが大切である。この作業に限らず、作業の速度を落とすのは「加減」である。

この方法の鉢上げは、垂直に立てるやり方に比べ五倍くらいのスピードで作業が進む。翌朝には首をもたげて真っすぐ上に伸び始める。

土の下の胚軸は用土の表層域に位置するので、ここからも発根し全体の根量が多くなる。また、胚軸は少ししか土の上に顔を出さないので腰のすわった苗になり、根量の多さと相まって倒伏しにくい。

鉢の端に立ち上がることになってもOK

浅植えは鉢上げの原則であるが、「浅植えでありさえすればいい」と捉えると、胚軸が埋まることは即深植えだというような硬直さから逃れることができ、作業の地平が広がる。

なお、このやり方では鉢上げする苗の胚軸が長い場合、苗の頭は鉢の端っこに位置し、そこで首をもたげることになるが、それでかまわない。苗は鉢の真ん中に立たなければならない理由はない。それどころか、端っこに立ったほうが葉のかぶらない土面が広くなるので、育苗全期間を通じて水をかけやすい。また鉢施薬もやりやすい。

増収につながる、挿し木にも使える

平成九（一九九七）年夏、筆者が宮崎県総合農業試験場のハウスでこの方法によりピーマンを鉢上げしているところに、たまたま西都市のピーマン農家の青年たちが来合わせたことで、技術の伝承がかなった。この技術は、青年たちのプロジェクトによって増収面も明らかにされ、翌年の4Hクラブ全国大会で発表された。

寝かせる鉢上げの理屈は、後述する断根接ぎ木苗などの挿し木の場合にもあてはまり、

鉢上げの3つのやり方

	作業性	苗質など		
		根量	苗姿	耐倒伏性
浅植え	×	中	△	×
深植え	×	少	△	ー
寝かせ浅植え	○	多	○	○

寝かせ浅植えなら作業性は格段に上がり、草姿もよくなる

苗は鉢の真ん中に立てなければならない理由はない（トマト）

垂直よりも斜めに挿したほうが、胚軸の大部分から発根するし、丈の低い腰のすわったたい苗になる。ただし、接ぎ木部位が土に近づくので、圃場に出した後、自根の発生に注意する必要がある。

●コラム●

台木と根量

接ぎ木した株と自根の株の根量を比べると、どの品目であっても自根のほうが多い。どんな台木品種を使ってもそうである。73ページで接ぎ木すると草勢がつくと述べているが、根量が増えることが理由ではない。明らかに逆の現象もある。

スイカの台木にはユウガオ（かんぴょう）を使う。カボチャを台木にすることもできるが、草勢が強すぎて使いにくい。その草勢も、カボチャの品種によって差がある。そして強勢な品種ほど根量が少ない。這いづくりしたスイカの整枝や交配はツルの間を歩きながら行なうが、その際、強勢な品種に接いだ株は、株元に躓いただけで抜けてしまう。それほど根が少ない。

この事実は、根の活性とか活力とかの解明なしには説明できないが、根量と草勢の間には、我々が考えているほど密接な関係はない、ということを知るだけで十分である。根量の多い順に並べると、自根→接ぎ木→強勢台に接ぎ木となるが、草勢の強さ順に並べると強勢台に接ぎ木→接ぎ木→自根となる。

接ぎ木直後は萎れたほうがいい接ぎ木法もある

名人の接ぎ木は活着のレベルが違う

接ぎ木のうまい下手は、活着（癒合）させられるかどうか、ということだけではない。いかに早く活着させられるかでもない。活着（癒合）のレベルにある。同じ活着でも活着のレベルに差があるのだ。接ぎ木は、数カ月先の果実肥大期のことに思いをはせて、ピシッと活着をさせなければならない。

果菜は果実の肥大に伴って急速に蒸散量が増える。例えば大玉スイカは着果後四〇日頃（収穫は五五日目）に蒸散量が最高になり、一日あたり六ℓに達する。その時期になったとき、それほど多量の水をスムーズに通す導管をもっていなければならない。そのためには、台木と穂木を異種植物でありながらピシッとつなげる必要があるのだ。

スイカの着果後四〇日といえば、接ぎ木して約九〇日後である。九〇日前に六ℓの水の流れを思い描いて癒合させるのである。キュウリでもトマトでも収穫が始まると六ℓよりは少ないが同じ状態になるので、接ぎ木時に思い浮かべることはスイカと同じである。

苗の頭が後ろに倒れるくらい切り込む

レベルの高い癒合の苗をつくるためには、接ぎ木直後のケアを含め、やるべきことがいろいろあるが、接ぎ木時点に限れば、ポイントは二つである。①接合面を広くする（切り口を大きくする）、②苗を水不足気味にして接ぐ（台木側だけでもよい）。

接合面の広さの大切さは、茎を部分的にくっつける〝呼び接ぎ〟のコツとして指摘され

穂木は苗の頭が後ろに倒れるくらいに切り込むのが最大のポイント

続けているが、セル苗用に開発された茎全体をくっつける〝合わせ接ぎ〟でも大切なポイントであり、水平に合わせるのではなく、斜めに切り込んで接合面を広くしなければならない。

上の写真は呼び接ぎ時のキュウリである。このように、苗の頭を指で支えないと後ろに倒れてしまうくらい切り込む。当然、接ぎ木当日だけは萎れるが、こうしてつくった苗でないと定植後の管理者が納得いく生育はしない。

呼び接ぎは、接ぎ木当日に萎れないのは明らかな切り込み不足である。カボチャ台木のほうはキュウリより胚軸が太いので、キュウリほど深く切り込む必要はない。

若さと水っぽさは別

接ぎ木は、台木も穂木も組織が若くないとうまく癒合しない。このため、接ぎ木遅れにならないよう注意する必要がある。ただし、若さと水っぽさを混同してはならない。接ぎ木時点では、台木も穂木もやや水不足のほうがしっかり癒合する。水気が多いと切り口に水があふれ、癒合するけれどもくっつき方がいま一つである。

このあたりのことは、解剖的な裏づけがとられているわけではないが、多くの人が経験的に捉えている事実である。イメージとしては、粘っこい体液でくっつけるというところだろうか。十分な切り込みで一時的に吸水不足にさせてしっかり活着させるのである。

なお、呼び接ぎに限っていうと、穂木を水不足にするとくねくねして接ぎにくいので、台木だけを水不足にする。それで十分効果は上がる。

接ぎ木時のキュウリの切り込み具合と反応

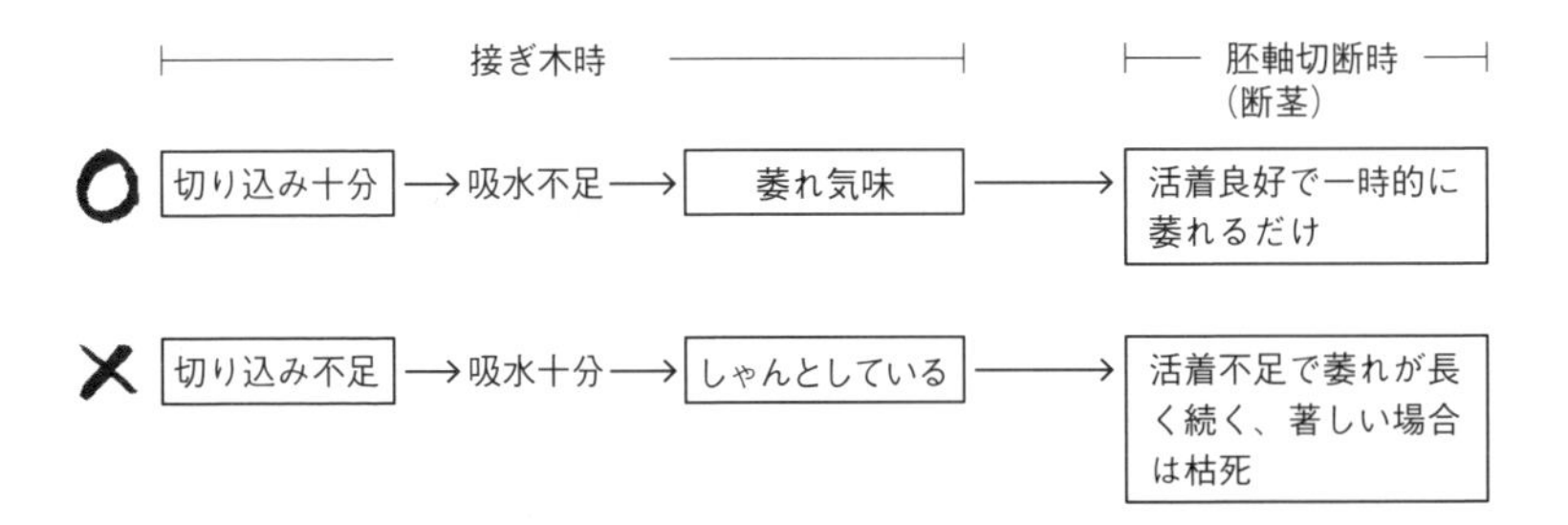

呼び接ぎの方法

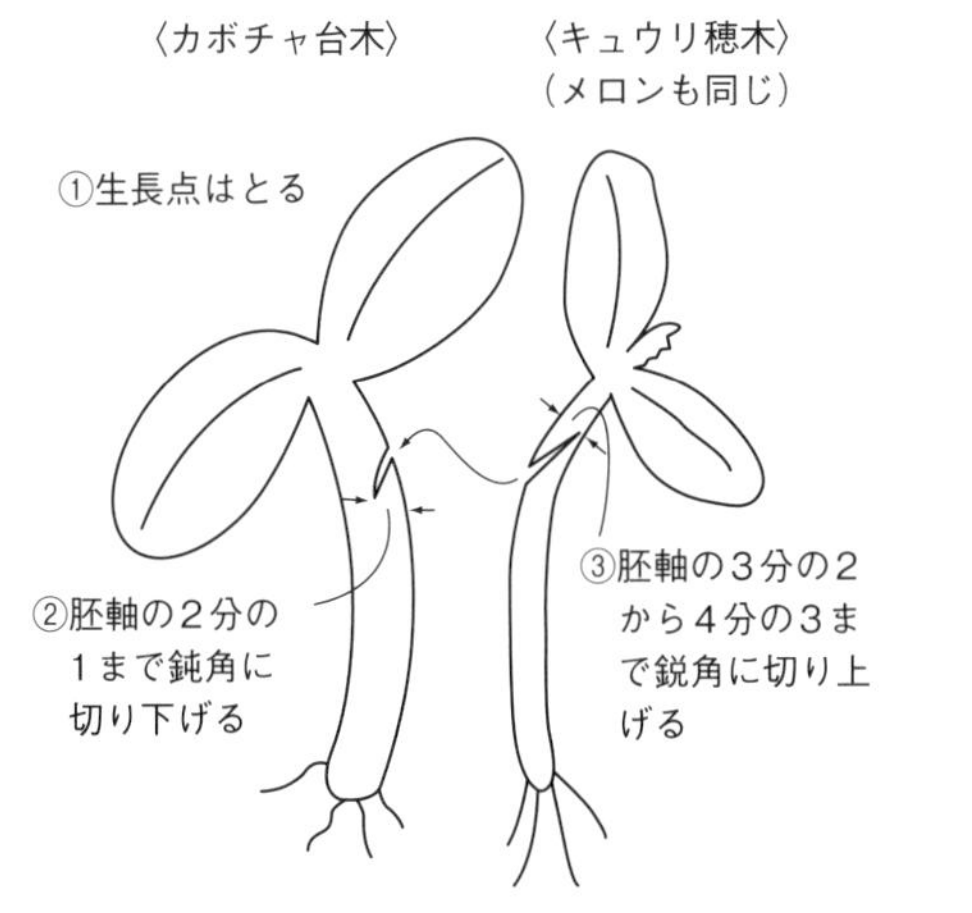

④台木と穂木をあわせたらクリップで止める
⑤1週間後くらいにキュウリの胚軸を切断（断茎）

接ぎ木に先立ち台木用土を乾かすために強制的に排水。これはキュウリ台木のカボチャ

断根接ぎ木は当日までの天気で決まる

曇雨天続きの後には接ぐな

セル苗の時代になって、従来の呼び接ぎにかわり断根接ぎ木が増えた。断根接ぎをうまくやるには、従来の呼び接ぎよりも天気を気にしなければならない。気にするのは接ぎ木前の天気である。

呼び接ぎの場合、台・穂とも根をつけたままポットに鉢上げする。両方とも根がついているので順化は軽度の遮光で済み、光合成が停滞することはない。だから、天気を見ながら接ぎ木の時期を探る必要はなく、苗が接ぎ木しやすい大きさになったときに接げばよい。

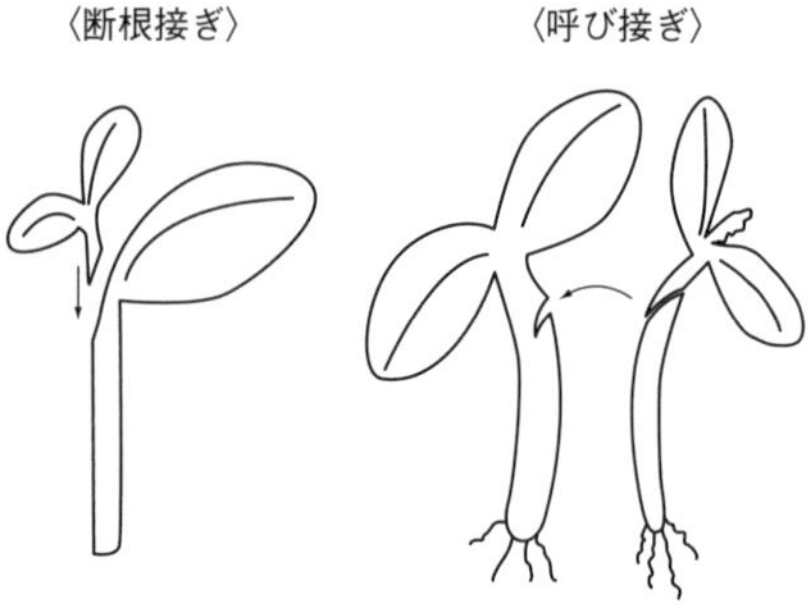

これに対し、セルで接ぎ木苗を育てるときは、セルに根のついた苗が入るスペースはないので、必然的に断根接ぎになる。

断根接ぎは強度の遮光下で順化をするので、その間の光合成がストップする。その状態で、光合成産物を消費する切り口の癒合や発根をしなければならない。しかも、体内に無機態チッソが存在していれば、その同化にも光合成産物を回さなければならない。このため、十分な同化養分をもたせて接ぎ木するという配慮が必要になる。つまり、曇雨天続きの後に接いではならず、晴天の後に接がなければならない。断根接ぎは播種後の日数だけ

セル苗の時代になって断根接ぎが増えた

〈断根接ぎ〉　〈呼び接ぎ〉

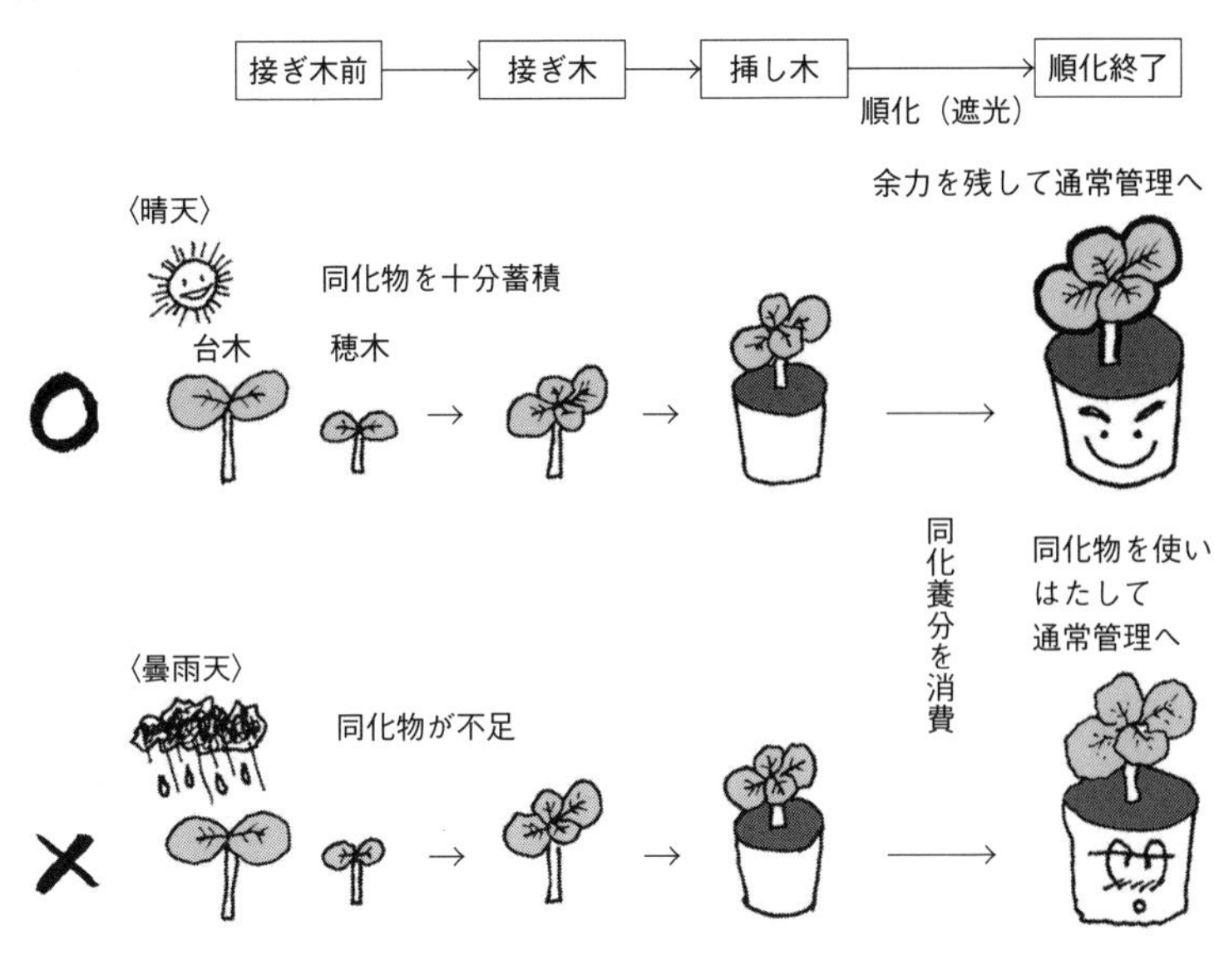

で接ぎ木日を決めると失敗するのである。

接ぎ木前日と当日晴れがベスト

接ぎ木前日と当日が晴天という条件ならいうことはない。接ぎ木を予定している日の一日後にそういう条件が望めそうなら、苗は少々大きくなるけれども、予定を変更して接ぎ木日を遅らせたほうがよい。同様に、予定日の一日前に条件が揃いそうなら、苗が少々小さくても早めに接ぐぐらいの心がまえが必要である。

晴天が一日しか望めないときは、それが当日にあたるようにする。

接ぐ時刻も考えなければならない。まず、朝早く接いではならない（同化養分の生産が始まる前である）。午前中もよいとはいえない（同化養分の生産が不十分である）。午前中いっぱい日にあてて午後に接ぐのがよい。

さて、接いだ後の苗は前述したように、水が切り口にすぐ運ばれるよりは少々不足気味のほうがしっかり癒合する。このため、ふつう一晩か一日、保湿状態で室内に

接いだ後の苗を一晩か1日、ポリをかぶせて保湿状態でおく（写真の苗はこれから挿す苗）

挿し木時の時刻や天候と苗の萎れ

〈曇雨天もしくは夕方〉　〈晴天の日中〉

○　×

おいた後、用土に挿す。この挿すときの天候や時刻についても、配慮がいる。

挿し木日は曇雨天の午後がベスト

断根接ぎ木苗は、いったん萎れグセをつけると、順化に骨が折れる。萎れグセがもっともつきやすいのは挿し木当日である。光が強いなかで挿し木をすると、途中で萎れさせてしまう。そうさせないためには、挿し木は曇雨天の日に行なうほうがよい。また、晴天日であれば、夕方光が弱くなってから行なうのがよい。作業者にとってもこちらのほうが快適である。

苗づくりにかかわる作業の多くは、晴天日の午前中に行なうのがよいとされてきた。しかし、断根接ぎ木は、接ぐのも挿すのも伝統的通念に捉われないほうがよい。

接ぎ木による大増収、要因はいろいろ

優秀な品種が登場し、それが名人の手にかかれば、野菜の収量は一足飛びに増える。それに比べ、栽培技術の進歩による増収は数年かけてじわじわというのが通常のパターンのようである。しかし、果菜の代表格のトマトとキュウリは、栽培技術の一つである接ぎ木によって一気に収量を増やした野菜である。

ニガウリは土壌病害対策を忠実に

増収の契機になった技術は接ぎ木である。これらの接ぎ木が全国的に普及したのはそれほど古い時代ではない。キュウリは昭和五十（一九七五）年頃、トマトはそれより五年くらい後である。

果菜の接ぎ木の一番の目的は、土壌病害にかからせないことである。接ぎ木のこの目的を、忠実に享受しているのはニガウリだけかもしれない。というのは、多くの果菜は接ぎ木することで草勢がつき、その効果で増収する。一番の目的の達成に加えてもう一つ効果が上乗せされるのである。ところが、ニガウリには相性のいい台木がないため、自根のほうが接ぎ木よりも生育がよく、収量も安定している。それでも、つる割病に汚染された圃場が増えたことで接ぎ木せざるを得なくなったのである。ニガウリの接ぎ木は、土壌病害の罹病による減収を防ぐことだけが目的である。

キュウリは一日で多肥作物に

トマトとキュウリも接ぎ木の導入により増収したが、増収量が非常に大きかった。もちろん草勢向上とは別の理由による。とくにキュウリは、増収に至った経緯がやや数奇である。

　キュウリは今でこそ多肥作物であるが、自根栽培の頃のキュウリは少肥作物であった。多肥にするとつる割病にかかるので、肥料をやりたくてもやれなかったのである。施肥量は今の三分の一ぐらいであった。収量は、養分の吸収量と密接にリンクしているので、今の三分の一ぐらいであった。ところがカボチャに接ぐ栽培が普及し、つる割病の心配がなくなった。そのため施肥量を増やすことが可能になり、それに応じて現在の収量レベルになった。少肥グループに属していたキュウリは、接ぎ木することで、それこそ一日で多肥のグループへ移っていった。こういう離れワザを演じた果菜はキュウリ以外にない。

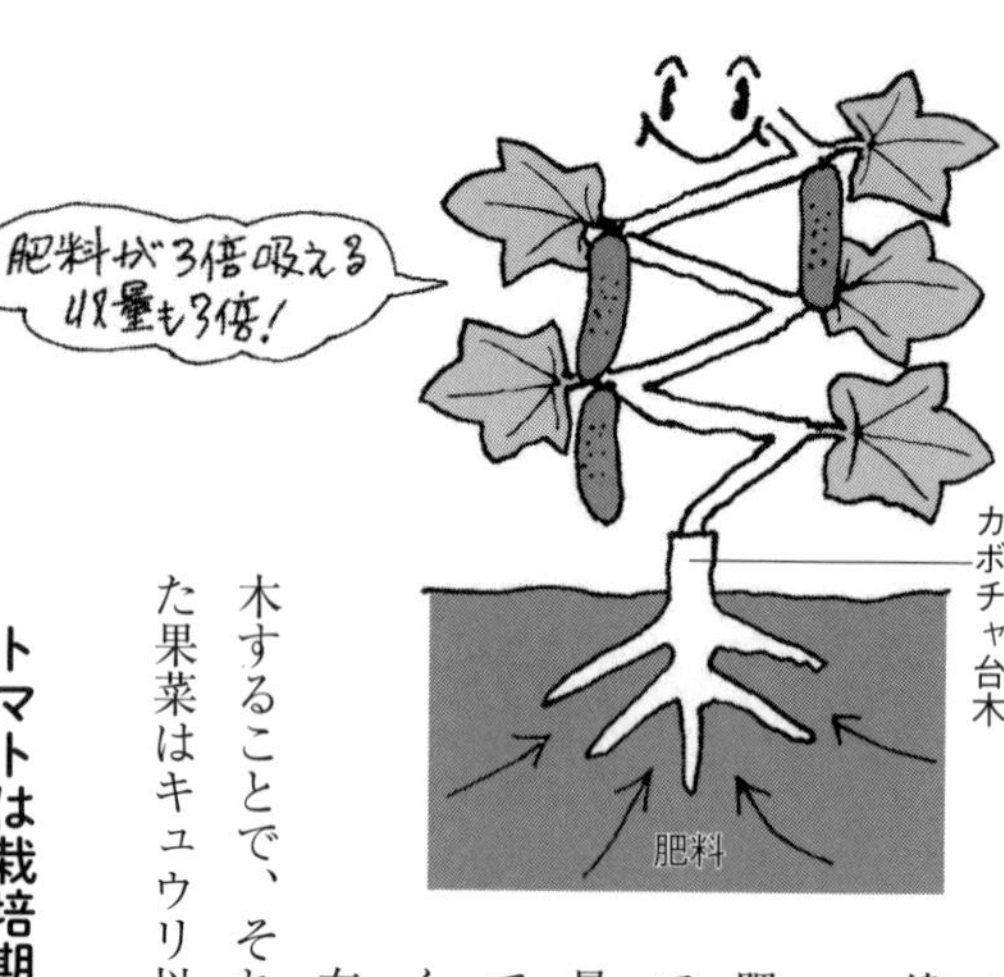

トマトは栽培期間が二倍に

　トマトが増収に至った経緯は、キュウリのように数奇ではなく、接ぎ木の効果が収穫期間の長さとなって現われた成果である。

　トマトの重要病害は青枯病である。青枯病は高温期に出やすい。そのため栽培時期が制約を受ける。筆者の住む宮崎県の促成栽培を例に述べると、自根栽培の時代には八月二十日より前に播種してはならない、という指導が行なわれていた。それより早く播種すると、圃場の地温がまだ高いときに定植することになるからである。八月二十日以降に播種すれば、当時は一五㎝径の大きなポリ鉢で五〇日間育苗していたから、地温の下がる十月中旬以降の定植となり、青枯病の心配はなくなる。収穫は十二月上旬頃から始まる。そして翌年の四月中旬になると地温が上がり、青枯病が発生し始めるので、収穫期間はそれまでの四カ月であった。

しかし、接ぎ木が一般化して青枯病の心配がなくなると、播種時期の制約がゆるみ、七月播種がザラになった。また栽培終了時期も後ろに延び、六～七月まで収穫するのがあたり前になった。その結果、収穫期間は自根時代の二倍の八カ月に及んでいる。

＊

果菜の二大品目のトマトとキュウリは、接ぎ木による増収が桁違いであることと、その増収の主因が、接ぎ木で一般に見られる草勢向上だけではないことを知ってほしいと思い、紹介した。

なお、施肥とつる割病の関係を念押し的に述べると、キュウリとメロンはその性質から推してメロンのほうがつる割病にかかりやすいはずである。それなのに、メロンは自根が主流であり続けている。これは、収穫が一回で終わり、そのときまで草勢を保たせればよいため、少肥のグループに居続けられるからである。

野菜、なかでも果菜栽培を無農薬で成り立たせるのはむずかしいが、使用量はできるだけ減らす工夫はしなければならない。農薬にはいろんな種類があり、施薬の仕方も多岐にわたるが、以下に述べることは、おもに化学農薬の散布を念頭においている。

定植後からの病害虫防除では遅すぎる！

見過ごしてはいけない苗の時期の防除

農薬の使用量を減らすには、一回一回の防除効果を上げることにより、総使用回数を減らすやり方が近道である。効果を上げるためには、十分な薬量をていねいに散布することが基本になるが、防除のタイミングも重要である。その例としてキュウリの〝親ヅル摘心直前〟のべと病防除にふれたい。この時期、キュウリは生育スピードが非常に早く、次々に葉が展開する。言い換えると、薬剤にコートされていない葉が次々に展開する。曇雨天の条件が重なると親ヅル葉にべと病が激発し、これが子ヅルから孫ヅルへと伝染していく。そのため、この時期の予防は非常に価値の高いものである。

こういうタイミングはどの果菜にもある。もちろん果菜により対象病害虫は異なるし、タイミングとなる生育ステージもすべて重なるわけではないが、全部の果菜に共通する不可欠の防除時期が一つある。それが、苗の時期の防除である。

農薬散布は、病害虫の発生を見る前に行なうのが鉄則である。いったん発生させると、そこが伝染源となって次々に新たな伝染源が生まれ、防ぐことが困難になる。農薬の使用量を減らそうとするあまり発生前の散布を渋っていると、結局はひんぱんに散布しなければ

薬剤でコートされた葉を多く（自根苗）

〈発芽揃い時に最初の防除〉　　本圃定植前

〈育苗中期に最初の防除〉※初期に防除の必要がないとき

ばならず、農薬の使用量が増える。発生前散布は、苗の時期の散布から始めなければならない。苗の時期の散布は、農薬の使用量を減らすための第一歩である。

「幼い苗は薬害を受けやすい」はウソ

苗に農薬を使用する場合、本圃で使用する濃度よりも薄くして使用する例を見かけるが、これは改めたほうがよい。農薬は指定された濃度で使用しないと効かない。薄くする理由に、苗は大きくなった株より薬害を受けやすいという考えがあるようだが、そういうことは決してない。

薬液は葉裏にムラなく薄くでよい

苗の農薬散布の作業上の問題の一つに、丈が低いことによる葉裏散布のやりにくさがある。葉裏にかけようとしても、せいぜい横からの散布しかできない。しかし横からの散布では、薬液がまったくかからない部位ができてしまう。その部位の存在は小さいリスクではない。そこで、葉裏に薬液をたっぷり付着させることはあきらめ、葉裏全体にムラなく薄く付着させることで、折り合いをつけたほうがよい。そうするためには株の真上から散布する。真上からの散布は薬液を葉表にしっかり付着させながら、地面から跳ね返る霧が、葉裏にムラなく届く。噴霧口をあちこちに向けずに真下めがけて、急がずゆっくり散布することがコツである。

葉裏の付着量が十分でなくても、薬液がまったくかからない部位を残すよりは、はるかに安心である。

接ぎ木の有無と最初の防除

苗の種類	発芽揃い時	発芽中期
自根苗	○（ここでもよい）	◎（ここがベスト）
接ぎ木苗	◎（ここがベスト）	×（遅い）

接ぎ木苗は発芽揃い時が適期

なお、接ぎ木苗と自根苗とでは、育苗期間内の防除適期が少しズレるので注意が必要である。本圃に出すまでの間にいつでも防除できる自根苗は、初期に防除の必要がないようであれば、苗がある程度大きくなって防除したほうが、薬剤にコートされた葉数を多くして本圃に出せるので有利である。

一方、接ぎ木苗は順化中の防除ができず、その期間内に病害虫が発生すると手の打ちようがない。とくに断根接ぎ木は順化期間が長く、加えて多湿の弱光下におかれるので、病害が発生しやすい。このため防除をして接ぎ木をすることになる。防除時期は、発芽が揃って根じめかん水をした翌日あたりがベストである。

いずれにせよ、防除の前歴をもたせて本圃に出すのが減農薬への近道である。

2章

耕耘や土壌消毒など

定植までの
圃場の準備、用意

小さい苗（セル苗）定植の制約

苗を植える野菜の作付け計画は……

野菜はイネや果樹と違って一年に数作できる。そのため、野菜の生産は圃場の作付け計画を立てることから始まる。

作付け計画は、直まきする野菜と苗を植える野菜とで少し異なる。

仮に一作が一〇〇日の場合、直まきする野菜はタネまきから収穫までまるまる一〇〇日間圃場を占有するので、一〇〇日の栽培期間を暦に配置すれば計画はでき上がる。もっとも季節により栽培期間は数日変動するが、いずれにせよ整地などの作業を考えても、およそ年に三作の計画になろう。

一方、苗を植える野菜は、苗は栽培する圃場ではつくらず別の場所でつくる。そのため前の作が終わる前にタネまきができる。苗づくりの日数を二〇日とすると、一作一〇〇日の野菜が圃場を占有するのは八〇日であり、年に四作が可能である。

この作付け計画だが、植える苗の大きさによって大幅に変わる。

セル苗の二つの使い方

果菜は直まきするケースが少なく、ふつうはポットやセルで育てた苗を定植する。購入できる苗の多くはセル苗である。セル苗には二つの使い方があり、そのまま定植するか、ポットに移植して自家育苗し（いわゆる二次育苗）、苗を大きくして定植するかである。

購入したセル苗をそのまま定植すると、育苗の手間がかからないうえ、定植作業もき

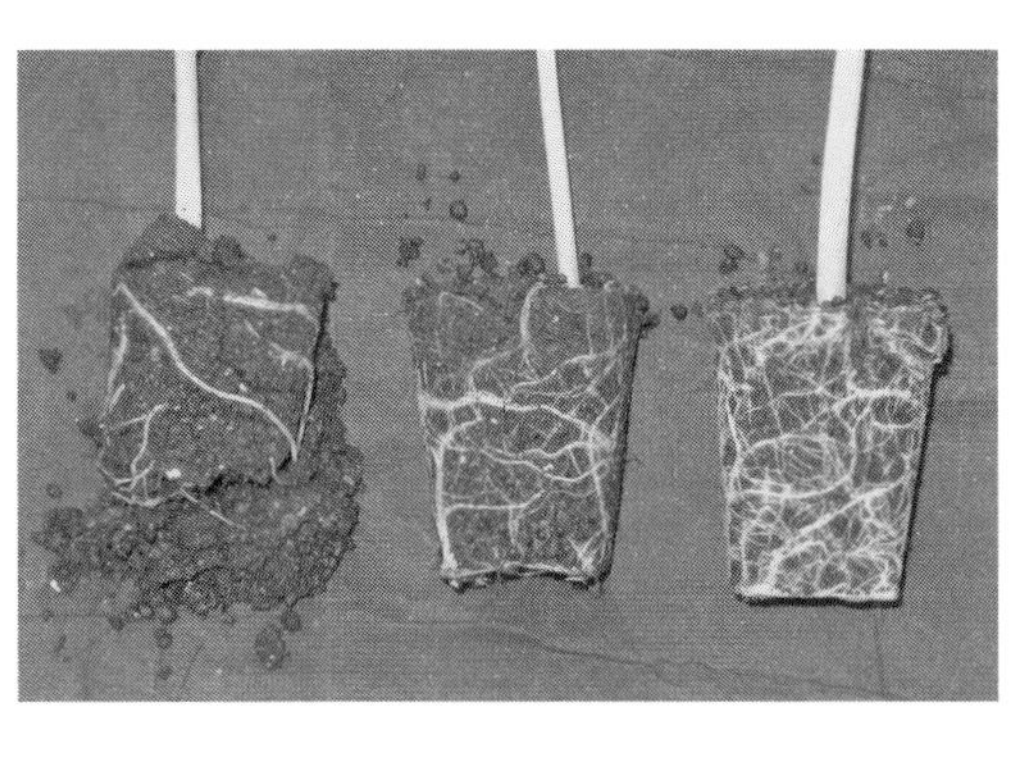

セルの根鉢
真ん中の時期が取り出し適期（左は若すぎ、右は老化に入っている）

わめてラクなので、一度その方法を始めたら、ポット苗定植には戻れない人が多いようだ。しかし、セル苗などの小さい苗を定植する栽培は、ポット苗を定植する栽培に比べると、それなりの制約がある。

容器でつくった苗の三つの原則

ポット苗にもあてはまることであるが、容器でつくった苗を定植する栽培には、以下の三つの原則がついて回る。セル苗にはこの原則がポット苗よりも強くのしかかる。

苗は、根鉢ができないと容器から取り出せないので、それより早く定植することはできない。しかし、①根詰まりすると定植後の生育が悪いので、根鉢ができたら早めに定植しなければならない。②そのため、容器の大きさにより定植日が異なる。③定植日が異なっても、播種日が同じなら収穫の始まる日は同じである。

セル苗はポット苗より定植が一〇～二〇日早くなる

セル苗を二次育苗してポット苗に仕上げる日数は、五〇～七二穴トレイの苗を一二cmポットに移植する場合、キュウリは約一〇日、トマトは約二〇日である。この日数は一二cmポット内に根鉢ができるまでの日数であり、セル苗とポット苗の定植日の日数差になる。

キュウリを例にすると、セル苗の定植日はポット苗より一〇日早い。そのため、定植準備の作業をポット苗より一〇日早く始めなければならない。一〇日早まる影響は定植直前の準備だけでなく、前作終了の頃にまで及ぶ。例えば、太陽熱処理をする圃場では、太陽熱処理の開始時期を一〇日早める必要がある。そのためには、前作の栽培を一〇日早く切り上げざるを得ない場合もあろう。また、秋に定植する作型では、定植日を前進させることで、台風襲来の時期にかかってしまう地域もあるかもしれない。

たかが一〇日のような気がするけれども、作業日程が玉突き的に影響を受ける。二〇日早く植えることになるトマトはさらに影響が大きい。

定植日が同じなら、収穫開始が遅くなる

セル苗定植で作付け計画を考える場合、まず決めなければならないのは、ポット苗で植えていたときと播種日を揃えるか、または定植日を揃えるかである。播種日を揃えれば、ポット苗と収穫開始日は同じ（で、同じ収穫期間を確保できるの）だが、定植日を早めなければならない。

しかし、一口に定植準備を早めるといっても、前述の通り実際には簡単ではない。作型を組み合わせない長期一作でもつらいが、抑制（秋～冬）＋半促成（冬～初夏）と二作組み合わせる体系ではなおさらつらい。後作を早めに定植するためには前作を早めに打ち切る必要があり、せっかく早めに定植した前作も、結果は減収である。

小さい苗（セル苗）と大きい苗（ポット苗）の播種・定植・収穫開始ほか

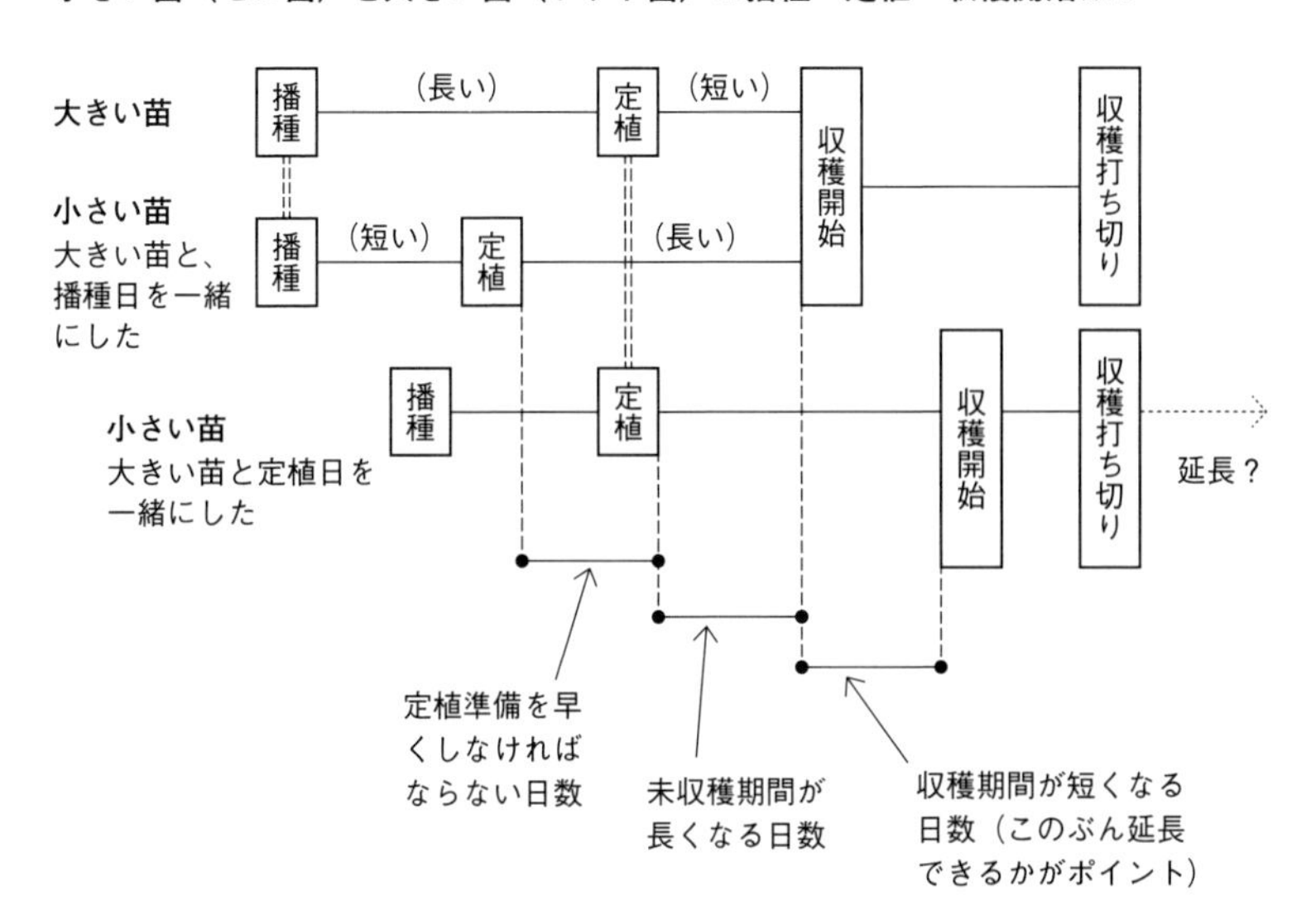

では、それを嫌って定植日のほうを揃えればどうか。この場合は、セル苗の播種日を遅らす必要がある。当然、収穫開始が遅くなる。収穫期間の延長は可能だが、その時期が同じような価格で販売できる季節なのかはあやしい。

このあたりの事情をもっと見えやすくするには、定植から収穫開始までの日数に目を向け、「ポット苗は短期間で収穫が始まり、セル苗は長期間かかる」ということを頭に入れておくといいかもしれない。

*

セル苗定植の制約を述べたが、ポット苗定植もいいことばかりではない。育苗ハウスをはじめ一通りの育苗資材が必要になるうえ、定植作業もラクではない。

どちらの苗を定植するかは、経営規模、確保できる労力、前後作との関係など、個々の事情との相談になろう。

●コラム●

「二次育苗」あっての「直接定植」

セル苗が登場した当時、野菜の研究界で話題になったのは、セル苗をそのまま定植する場合の草勢制御であった。若い苗を定植するので生育が旺盛になりすぎることが心配されたのである。確かに従来のポット苗を定植する場合より綿密な管理が必要であったが、その問題は海面上に見えている氷山の一部であり、もっと深刻な問題は、本文でも述べたように定植して収穫が始まるまでの期間が長いことにあった。まさに海面下の氷塊のような大問題であったが、研究界がこのことを認識するのは、生産現場より少し遅かった。

購入したセル苗をポットに移植して、ふつうの鉢苗と同じ時期に定植する方法が考案され、ひとまず問題は解決した。この育苗法を「二次育苗」といった。この用語が正確に実情をいい表わしているか気になるけれども、セル苗の登場と同時に使われ始めた「直接定植」という用語に生気を与えることになった。直接定植という用語は単独で存在することじたい、不思議なことであったが、対語が現われたことで意味をもったのである。

ついでながら、二次育苗の用語は平成八（一九九六）年の園芸学会シンポジウムで、筆者が使ったのが最初である。

「よい床土」ほど活着に時間がかかる!?

環境が変わると、根は適応に時間がかかる

根は、培地が違えば、その形も変わる。このことがもっともわかりやすい例は、土耕と水耕の違いであろう。土耕の根には根毛があるが、水耕の根には根毛がない（いわゆる水中根）。苦労せずに吸水できる水耕は、根毛は必要ないからである。ヒアシンスの球根を透明の専用容器に据え、水を満たして屋内で育てているのを見たことがあるだろう。あのツルッとした根が水中根である。野菜も水耕するとあのような根になる。

野菜を栽培する培地は、物理性、化学性、生物性などさまざまな性質を有しているが、ここではおもに物理性に視点をおく。

土で育てた苗を水耕に定植、またはその逆をしてみると、どちらのケースでも、株は培地になかなかなじまず、生育がスタートするまでにかなりの日数を要する。水耕と土耕のように培地の環境がまったく異なる場合、今までの根は働くことができず、新しい培地に適応した新しい形の根を出し直す必要があるからである。

定植後、スムーズに活着させるためには、苗を育てる培地と定植する培地の物理性を近づけて、根の形を継続させる必要がある。

なお、ここでは「活着」の意味を根鉢から十分な量の根が外に伸び出し、根鉢に水かけをしなくても萎れなくなること、としたい。

床土はふわふわ、本圃は重い土

本圃の土を育苗用土として使えば、活着はスムーズである。しかし、一般的に本圃の土は重くて取り扱いにくい。

そのため、床土は定植後の活着のことよりも、農家が扱いやすい軽量さと、苗の揃いを重視して製造されることになる。つまり、ピートモスなどを多く配合し、本圃の物理性とはかけ離れたふわふわの土にする。その結果、定植後、根を出し直すほどの変化はおこらないけれども、苗のときのふわふわな土で伸びた根を基部として、本圃の土に適応した新たな根を伸張させるという経過をたどる。本圃の土になじむまでに時間がかかるため、その間の吸水の手助けとして水かけが必要になる。

ただし、セルトレイで育苗するキャベツやハクサイなど葉菜の場合は根鉢が小さいので、根鉢が接する本圃の土壌水分で十分なことが多いうえ、降雨もあるので手助けはほとんど不要である。

活着までは育苗のつもりで水やりを

一方、果菜の多くはハウス栽培なので降雨の恩恵はない。また、比較的大きな根鉢で定植するので、根鉢が接する本圃の土壌水分では必要量を満たせない。さらに、多くの品目が定植前から花芽分化をさせ、それを発達させている段階であり、根鉢を乾かすと花芽数の減少や劣化を招く。結局、水かけをしながら活着を待つことになる。果菜は、定植した

活着のあらまし

〈定植直後〉

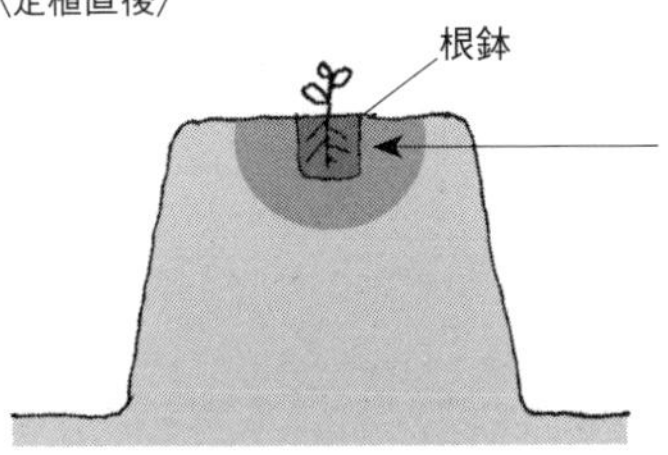

〈まだ活着していない〉

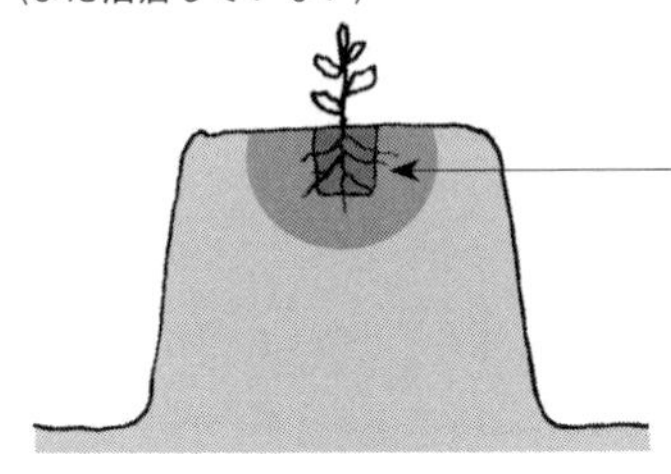

〈活着〉

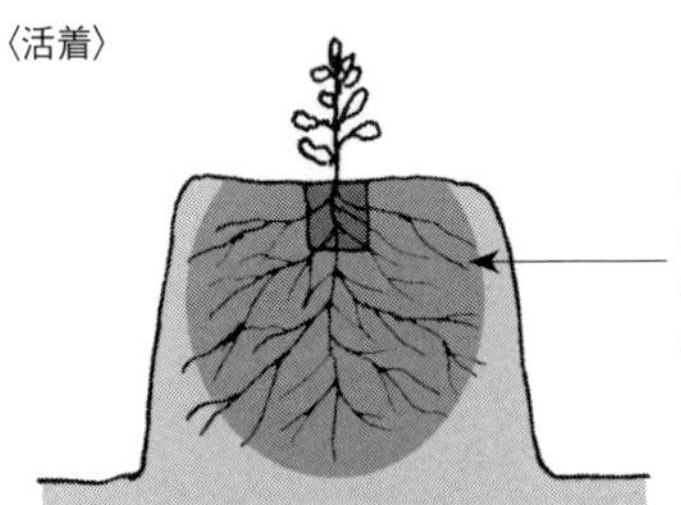

※根はもっとも老化が早い器官であるとともに、もっとも若い組織をもっている器官でもある。根鉢の外に若い吸水部位が移ると、根鉢内の根は役目を変化させる

後も活着までは育苗が続いているという意識をもつと、この時期の水かけの大切さを納得できるだろう。

とくに、著しく膨軟ないわゆる「よい床土」ほど、根が本圃に適応するのに長くかかるので、長い育苗をしているつもりになることが必要である。

「植え傷み」の良し悪し

植え傷みの最大原因は根が切れること

セルやポットで育苗する野菜は、容器内に根が詰まると急速に老化が進み、移植（セル→ポット）や定植後の生育が悪い。

一方、移植や定植のときにおこる「植え傷み」は、一時的な生育の後退現象で、土壌の質や水分状態がそれまでと変わることも原因になるが、もっとも大きな原因は根が切れることである。根鉢の形成が十分でないと、容器から取り出したときに用土がバラけ、そのときに根も切れる。

生育と収量の面からは、根の再生や適応力の強い若い苗を植えなければならないが、植え傷みをさせないという面からは苗齢の進んだ根鉢の硬い苗がよいことになる。

なお、根鉢を崩さずに植えても、覆土後に株元を押さえると、根鉢が崩れて根が切れる。この押さえつけ行為は、育苗用器を使わずに苗床から抜いてきた株を植える時代には、根を土と密着させるために必要だったかもしれないが、育苗容器を使って根鉢を形成させて植える場合は、ムダな、というより有害な動作である。しかし、根強い習慣として残っている（90ページコラム参照）。

育苗容器から取り出せる状態が定植適期

果菜類の定植時の苗齢が生育と収量に及ぼす影響は、苗づくりの分業化が始まった頃に全国規模で研究が行なわれた。その結果、どの品目も根鉢ができて容器から取り出せる

ポット苗の定植適期
これ以前では根鉢が崩れ、これ以降では根詰まりする

状態になったばかりの若い苗の生育がすぐれ、収量も多いことが明らかにされた。つまり、そのときが定植適期ということになる。ただし、植えるときは根鉢を取り出せないと始まらないので、取り出せるようになったときを適期としてよいだろう。

いずれにせよ、根鉢が形成されて以降、苗齢が進むほど定植後の生育は劣り、収量は少なくなる。これはセル苗をポットに移植する場合も同じで、若い状態で移植しないと貧弱なポット苗になり、定植後の生育も劣る。

作業上の定植適期もある

しかし、若い苗がいいといっても根鉢が崩れては元も子もない。移植や定植の適期には、ていねいに容器から取り出さないと根鉢が崩れる危険がある。

例えば、機械植えをする葉菜の場合は、人の手でていねいに取り出すことができないので、適期を少し過ぎたあたりで植えることになるだろう。いわゆる作業上の適期である。また、手植えがあたり前の果菜も、作業に慣れていないアルバイトの人の手を借りる場合は、適期を少し過ぎた頃に植えて傷みを防ぎ、その後の水かけの回数を増やすなどして、生育を後押しするのが順当だろう。

ほどよい植え傷みもある

よい植え傷みもあることを述べておきたい。

ポットで育苗する果菜の自根苗は、ポットに直接まくこともできるが、まき箱で発芽させた後にポットに移植したほうがよい苗になる（いわゆる鉢上げ）。移植のときのほどよい植え傷みが、徒長を防ぐからである。

まき箱からの移植時の植え傷みは、発芽後まもない時期のことなので、苗の質を高めこそすれ、定植後に影響を引きずることはない。

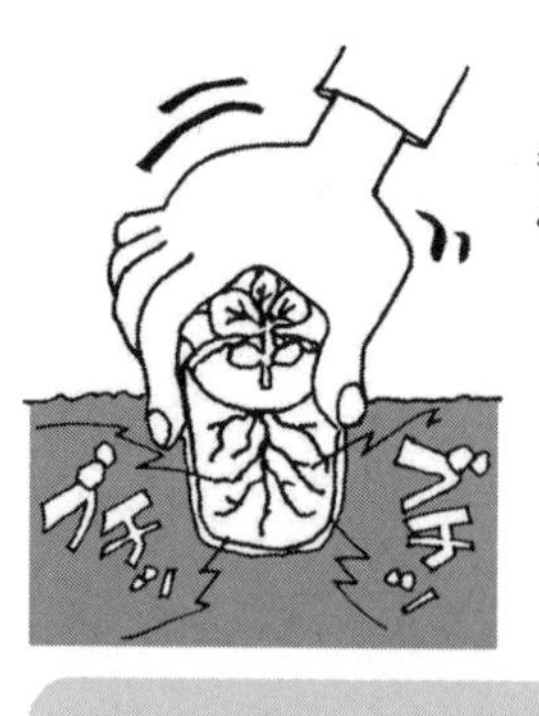

もはや国民的クセといえるほど、こぞって押さえる

●コラム●

定植のときなぜ土を押さえてしまうのか？

定植するとき、根鉢とその周囲の土をギュッと押さえる人が多い。押さえると根鉢が崩れて根が切れる。加えて、これから発根する場所の土が固まり通気性が悪くなるので新根の発生が遅れる。押さえるのはムダなうえに有害な動作である。しかし、この習慣は国民的クセといえるほど根強く、農家の圃場から小学校の花壇まで、こぞって押さえる。

根鉢と周囲の土を密着させたいという気持ちから出る動作のようだが、苗からすれば、この数週間何のために根を張ってきたのだ、という気持ちになるだろう。

定植後の水かけで根鉢と周囲の土はほどよく密着する。それ以上のことをする必要はない。

土壌消毒は根に勢いをつけるためのもの

作付け計画が決まったら、土壌消毒の準備をする。

根は消毒されていない場所まですぐ伸びるが……

野菜の栽培で、とくに何年にもわたって同じ場所で同じ品目をつくるハウス栽培では、土壌病害虫の防除が欠かせない。防除は熱や薬剤による方法が主流だが、有効微生物を殖やして病害虫の活動を抑える方法もある。ここでは、これらをまとめて「消毒」と呼びたい。

土の消毒は、根域を制限する栽培では根圏全体をカバーできるが、ふつうの栽培では、根の張る一部の深さまでしか効果は届かない。根の大部分は消毒されていない場所に張ることになるが、それでも消毒の効果はちゃんと現われる。

消毒といえば、種子消毒もある。種子自体が汚染されていることを想定して種子を熱や薬剤で処理する方法と、播種後、土からの伝染に備えて種子に薬剤を粉衣する方法がある。土の消毒との類似性からいえば、後者の方法がそれに近いだろう。種子粉衣しても、発根した根は短時間のうちに消毒されていない場所に入り込むので、効果が低いように思える。しかし、実際にはよく効く。

根に力があれば被害は防げる

野菜（植物）は病原菌にふれれば必ず病気になるわけではない。センチュウにしても、根圏に生息していれば必ず害が出るわけではない。例えば果菜の場合、果実の品質を無視して、試

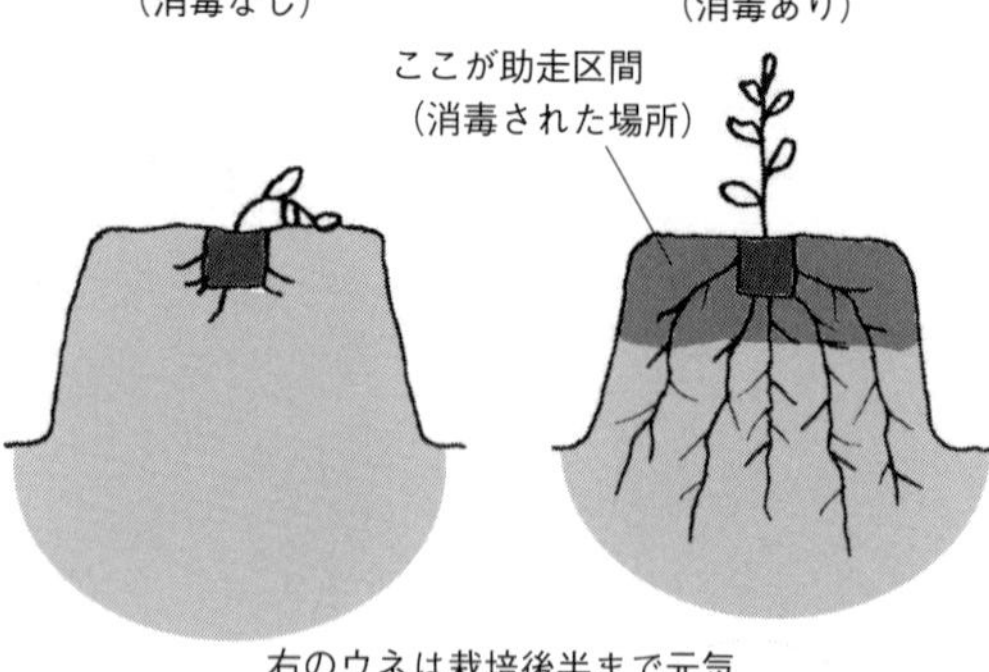

右のウネは栽培後半まで元気

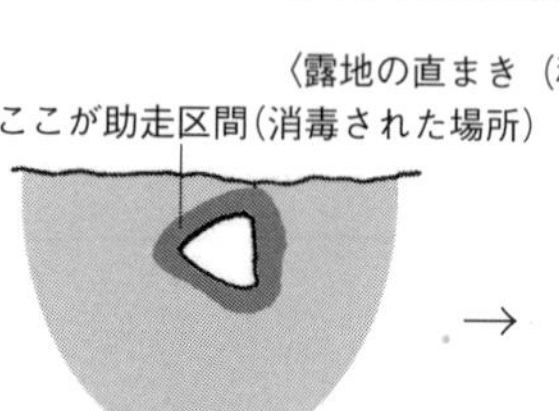

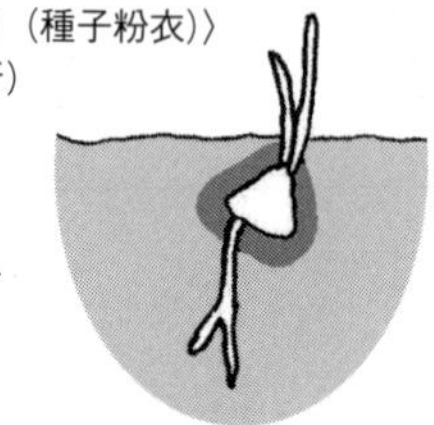

スイートコーンなどがわかりやすい

しに整枝や摘葉をせずに放任栽培をすると「はじめに」で述べた植物状態の野菜になり、発根が旺盛になって、加速度的に草勢が増す。こうなると、土壌中の病原菌が高密度であっても感染せず、センチュウが寄生しても根の勢いに負け、株を弱らせるほどの力はなくなる。

土壌病害の発病やセンチュウの寄生は、株の状態、とくに根の状態に影響を受け、根に力があれば被害を防ぐことができる。

土壌消毒は根の助走区間の確保

苗のときは、ほぼ完璧な消毒をした用土で育つので、株の状態にかかわらず土壌病害虫の被害を受けることはない。問題は定植直後にある。定植直後の根は苗の時代とは物理性の異なる土に接し、わずかな日数とはいえストレスを受けている。そういう状態にある根が、ウネ内に伸び出した途端に病害虫に汚染された土にふれると、被害を受ける。すぐに症状が出ない場合でも潜伏した状態で推移し、病害虫にとって好条件になったときに発症する。

一方、消毒した場所に植えられ、そこを通過した根は、汚染された土にふれてもすぐには被害を受けず、果菜なら栽培後半の株が疲れてきてからの発症にとどまる。なぜ根が汚染域に入っても被害を受けないのかといえば、消毒された場所で勢いをもつからである。イメージとすれば、消毒された場所は根の助走区間である。

その助走区間は、長い（深い）に越したことはないが、意外に短く（浅く）ても大丈夫なことは、種子粉衣がタネの周辺のわずかな範囲を消毒するだけなのに、消毒効果が高いことからわかる。また、かつて使われていた臭化メチルが、耕耘した深さしか処理できないのに、果菜類の長期作を可能にしていたことからもわかる。

根域を制限しないふつうの土耕栽培の土壌消毒は、根圏全体の土壌病害虫の駆除はできないが、それでいいのである。土壌消毒は、根が汚染域に入り込む前に、勢いをつける場所をつくる作業だからである。

●コラム●

ガス抜きと元肥施用の同時作業

露地圃場の土壌消毒は、微生物増殖法をすることもあるが、薬剤を使うのが一般的である。薬剤には処理が終わったらガス抜きの必要なものがある。ガス抜きはふつうロータリ耕で行なう。ガス抜き後には定植か、播種が待っているはずだから、その時期は元肥の施用時期と離れていないはずである。そこで、ガス抜きに先立って元肥用の肥料を散布しておいてロータリ耕をすれば、ガス抜きと元肥施用が一度にできる。

定植準備は太陽熱処理の前にすべし

安全性、コスト、消毒が及ぶ土壌の深さ、死滅させる病害虫の種類の多さ、さらには雑草種子まで殺す効果などからみて、太陽熱を利用したハウスの土壌消毒（以下、太陽熱処理）は、土壌消毒法のなかでもっとも総合点が高い。ただし、正しい手順で実施することが前提である。

定植準備を済ませてから休む

多くの地域のハウスの果菜栽培は五～六月に収穫を終え、ハウスも人間もしばらく休む。次作の元肥施用・ウネづくり・土壌消毒などの定植準備は、八～九月から始めるのがふつうである。

この定植準備の作業を、五～六月の栽培終了と同時にすることを勧めたい。休んだ後に定植準備をするのではなく、定植準備を済ませて休むという流れである。そのほうがよいことがいくつかある。

もっとも重視したいのが土壌消毒

元肥施用とウネづくりをこれまでより二～三カ月早めることになるが、そのことで生じる問題は緩効性肥料を使えないことぐらいで、とくに大きな問題はない。仮に、問題が生じるとしても解決する手立てがある。一方、土壌病害（センチュウ病も含む）は、発生したら打つ手がなく、栽培の成否にかかわる切実な結果を招く。

元肥施用、ウネづくり、土壌消毒など定植前の作業はどれも大事な作業であるが、もっとも重視しなければならないのは土壌消毒である。そのため、土壌消毒は定植準備の作業の流れのなかの、もっとも効果的な位置に組み込む必要がある。そのことでほかの作業の適期が少々ズレても仕方がない。

薬剤より深く消毒できる

以下、太陽熱処理の効果とやり方を述べる。

盛夏期の太陽熱処理で得られる地温は、日本の平地のほぼ全域で、土壌病害（有害センチュウも含む）と雑草種子を死滅させることができる。しかも消毒効果が及ぶ土壌の深さは、各種の土壌消毒法のなかでもっとも深い。薬剤の場合は耕耘した層しか消毒できず、せいぜい一五cmほど。しかし太陽熱処理による「熱」は耕盤を通り越し、三〇～四〇cm下まで消毒できる。

ただし、外と接するサイドや妻部の土は、ハウス内であっても有効な温度に達せず、消毒できないまま残る。サイドや妻部が消毒できない問題は太陽熱処理だけではなく、薬剤を使った土壌消毒でも同様である。薬剤の場合は物理的に処理しづらいからである。つまり、どんな土壌消毒でもハウス内には消毒できない場所が必ず残る。

消毒できない場所は定植位置から離れているので、そこは土をそのまま動かさなければ問題はおこらない。

太陽熱処理の2つの手順
※土をかき混ぜる作業を、太陽熱処理の先にするか後にするかがポイント

手順	時期		消毒効果など
	5月～7月	8月～9月	
従来の手順	太陽熱処理 ──→ 肥料やり ウネづくり（土をかき混ぜる）	──→ 定植	太陽熱処理後に土をかき混ぜるので、消毒効果が低く、農薬を使用せざるを得ない
提唱したい手順	肥料やり ウネづくり（土をかき混ぜる） ──→ 太陽熱処理	──→ 定植	土をかき混ぜる作業を終えて太陽熱処理をするので、消毒効果が高く、農薬を使用しなくてよい

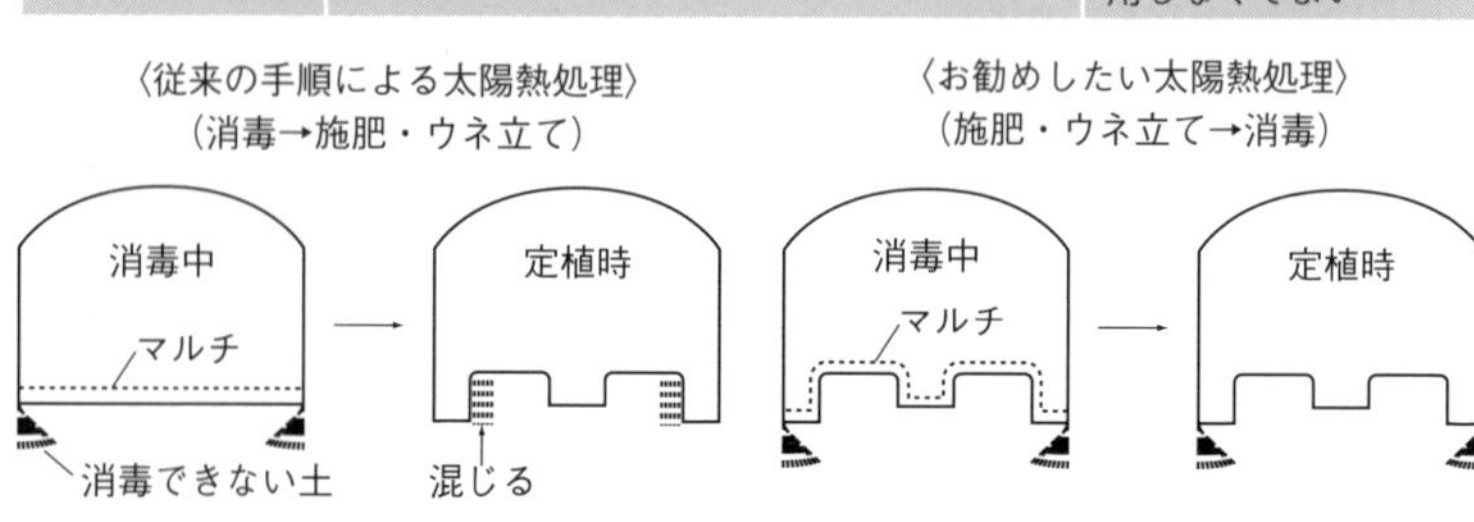

手順は施肥・ウネづくりの後に

施肥とウネづくりは、耕耘作業を伴う。そのため、太陽熱処理後に施肥やウネづくりをする手順では、消毒されていない場所の土を定植位置近くに混ぜ込んでしまい、せっかくの消毒効果を消してしまう。これを防ぐには、太陽熱処理は土の移動を伴う作業を終えた後に行なうことが大切である。つまり、「元肥施用→ウネづくり→太陽熱処理」という手順になる。

そして必要な積算地温を確保するためには、前作終了後、できるだけ早く元肥施用とウネづくりを終えて、太陽熱処理を開始したほうがよい。施肥のところで述べる「残肥の簡単な求め方」（130ページ）がそれに役立つだろう。

太陽熱処理の処理日数は、夏の晴天日数二〇日を目標にする。連続ではなく通算の日数である。そのためには処理日数を三〇～三五日は予定したいので、早くから始めるに越したことはない。また、比較的

ウネを立て、太陽熱処理を開始。POフィルムで20日以上覆う

重労働の元肥施用とウネづくりは、栽培終了後、間をおかず、栽培の緊張感が持続しているうちにやったほうが能率も上がる。

余裕をもって適期定植

定植準備を前作終了直後にもってくると、ほかにもよいことがある。この手順だと労力的な余裕が生じる。

育苗のところですでに述べたように、苗は鉢内で根詰まりする前に定植しなければならない。とくにセル苗など小さな苗を定植するときは、圃場を早めに定植できる状態にしておく必要がある。元肥施用とウネづくりを前作終了直後に終えるこの手順は、処理に必要な晴天日数を満たせばいつでも定植できる状態にあるので、小さな苗を定植する栽培にも適する。

なお、病害虫と雑草種子を死滅させる熱は、乾熱でなく湿熱でなければならない。そのため、土が湿った状態で処理を始めることが必要である。とはいえ、びしょびしょの状態にする必要はなく、耕耘で土塊が形成されるぐらいの湿りがちょうどよい。土を強く握りしめると団子ができるぐらいの湿りである。

土壌病害を防ぐ「微生物増殖法」

地味に見えるが効果は高い

土壌病害(有害センチュウも含む)の被害を防ぐには、熱や薬剤で土壌を「消毒」するのが一般的であるが、土壌中の微生物を増殖させて防ぐ方法もある(以下「微生物増殖法」)。増殖させる微生物はおもに土着の枯草菌類である。これらが一番殖えやすく、増殖すると土壌病原菌の活動は低下する。それに加えて有害センチュウの活動も抑えられる。

微生物増殖法は地味な印象があるが、けっこう効果は高い。使う資材も安全なものなので、住宅密集地でも実施できる。

微生物は「美食家の大食漢」

土壌病害の活動を抑制するほど微生物を増殖させられるかどうかは、エサにかかっている。十分な量のよいエサを与える必要がある。微生物自体を圃場に供給することも行なわれるが、これもエサをやらなければ増殖しない。一方、エサを与えれば、土着の微生物だけで十分増殖する。

微生物には、過酷な環境に耐えて生存し続ける種類が多いため、エサが乏しくても働いてくれそうなイメージがある。しかし、そうではない。微生物を働かせることは増殖させることであり、そのためにはエサが重要である。微生物増殖法を行なうときは、微生物を「美食家の大食漢」と捉える必要がある。

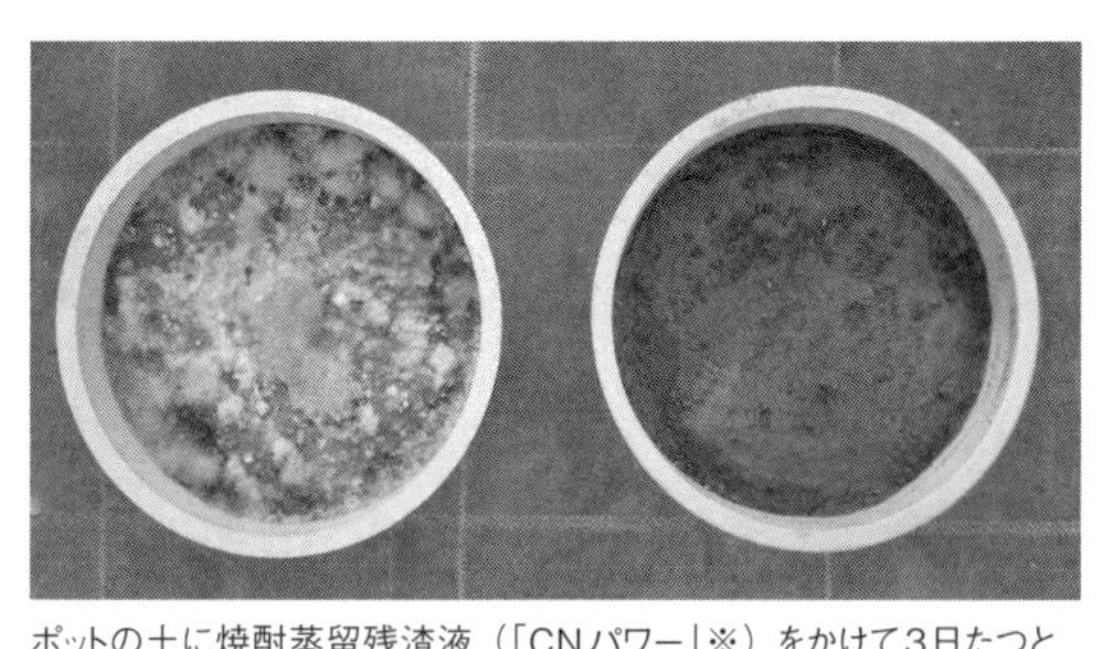

ポットの土に焼酎蒸留残渣液（「CNパワー」※）をかけて3日たつと、左のように土が菌で覆われる。畑に処理するときは、定植前なら水で50倍くらいに希釈した液を10aに5〜10t散水（原液は150ℓほど）。これで土壌の生物性が一気に高まる

エサは焼酎蒸留残渣液がいい

微生物を増殖させるエサは米ヌカや糖蜜などいくつかの有機資材があるが、筆者のこれまでの経験では焼酎を蒸留するときに出る残渣液を主原料にしたものがもっともすぐれている。剤型は液であり、希釈して使用する。アミノ酸、ビタミン類、有機酸を豊富に含み、微生物の美食にかなう。当然、土壌消毒剤として販売されてはいない。たいてい「特殊肥料」としての販売である。実際、アミノ酸肥料としての価値も高い。

なお、焼酎蒸留残渣液は内容成分が豊富すぎて、腐敗が早い。そのため、購入に際しては安全な方法で変質防止の処置がされているものを選ばなければならない。

土が乾いた状態で処理しない

使用にあたっては次のような注意が必要である。

土が乾いた状態で処理しない。乾いた土では、処理層と処理していない層がはっきり分かれるので効果も限定的になる。水をかけて湿らせてから処理をする。適度な水分があると、処理層とその下の層の境界が水分を介してつながり、定植後も微生物の増殖域が下層に広がる（上の図）。適湿

※CNパワー　製造販売元　㈱イエローピース　https://yellow-piece.com/　（yellowのあとにハイフン(-)は2つ入る）

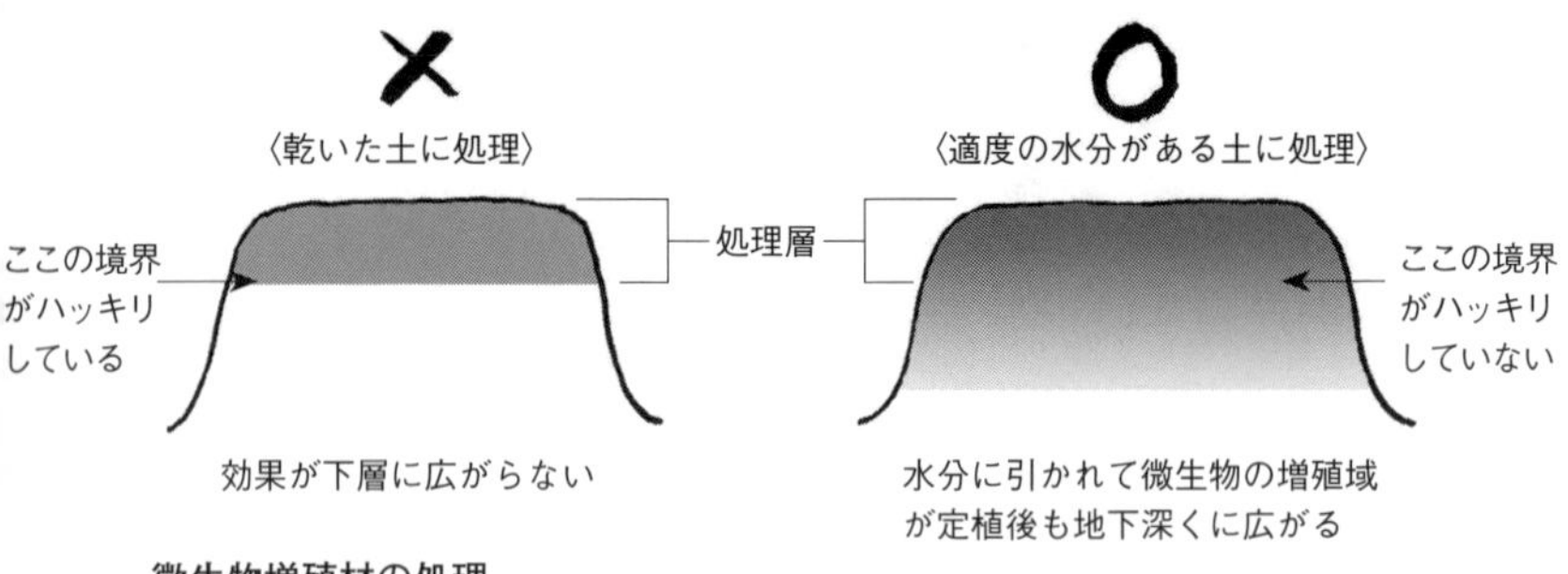

微生物増殖材の処理

適度な水分があると、処理層とその下の層が水分を介してつながり、
微生物の増殖域も下層に広がる

の目安は太陽熱処理開始時と同じで、土を強く握りしめると団子ができるぐらいの状態である。

メリットいろいろ

消毒は、いわゆる滅菌なので、死んでほしくない微生物も死ぬ。死んでほしくない代表は硝化菌である。硝化菌が減ると、土壌中にアンモニア態チッソが増えすぎる。そのため、元肥を施用する際は、チッソの形態や硝化菌が回復する時期などを考慮しなければならない。しかし、微生物増殖法では硝化菌は死なないのでそういう心配はない。

また、消毒は、消毒後に土壌病害をもち込むと、拮抗する相手がいないので、消毒しなかった場合よりも被害が大きくなる。微生物増殖法ではそういう「再汚染」もおこらない。

微生物増殖法は実施時期の許容性も広い。消毒は定植前に済ませる必要があるが、この方法は定植後にかん水を兼ねて行なうこともできる。その場合、先に述べた焼酎蒸留残渣液を主原料にした資材なら追肥としての効果も期待できる。

四〜五日で微生物リッチに

土づくりに努めてきた圃場は土壌病害の被害が少ない。微生物が多いうえに、土の理化学性が改良されて作物が丈夫に育つからである。そういう圃場にするには、良質堆肥を毎年欠かさず施用して四〜五年かかる。微生物増殖法は、そういう圃場の微生物の状態に、手っ取り早くもっていくやり方である。先に述べたエサを上手に使えば、四〜五日でそういう状態にすることができる。

ただし、微生物増殖法にもいくつか欠点はある。最大の欠点は、多くの消毒法では可能な雑草種子を殺せないことである。したがって、定植後に防草効果のあるマルチを張る必要がある。

太陽熱処理からの切り替えも容易

太陽熱処理を実施したものの、降雨の多い年で晴天日数が不足したまま終わりそうなときや、十分な晴天日数を確保する前に、台風襲来により被覆資材をはいだ小型ハウスなど、太陽熱処理を中断したときは、ほかの土壌消毒に切り替える必要がある。そのとき、圃場は次のような状況におかれている。

①元肥施用も、ウネづくりも終わっている
②定植までの日数があまりない

薬剤による消毒は地面を均す必要があるため、ウネをこわすことになる。また、消毒には一定の日数が必要であり、薬剤によっては消毒後のガス抜き期間も必要になる。そして、定植前にまたウネをつくることになる。

切り替えるなら、せめてウネをこわさずにできる方法をとりたいが、この微生物増殖法ならそれもできる。

●コラム●

微生物のエサを与えても病原菌が殖えないわけ

微生物増殖材を栄養にできるのはおもに枯草菌の仲間である。この仲間はいわゆる腐生菌で、生きていない有機素材を栄養源として生活する。いいエサに巡り遭うと、ものすごい勢いで増殖する。

病気の菌はいわゆる寄生菌で、ふだんは生きた細胞から栄養をとる。微生物増殖材を栄養にすることもできるが、腐生菌の増殖の勢いにはとても及ばない。

土壌消毒効果は約10カ月

土壌消毒法効果の持続期間は、どの方法でも約一〇カ月である。土壌消毒は土壌病害虫を完全に駆除するのではなく、一定期間、土壌病害虫よりも野菜を優位にする。劣勢に追い込まれていた病害虫はやがて息を吹き返し、野菜に被害を及ぼすようになる。野菜が優位にある期間が約一〇カ月なのである。

耕耘で土をかき混ぜないことが条件

一〇カ月あれば、いろんな作付け体系を組むことができる。土壌病害虫が息を吹き返して野菜に被害が出始めたら、また土壌消毒をして土壌病害虫を劣勢に追いやり、次の作に移る。つまり休閑期を勘定に入れると土壌消毒は年一回のものである。

一〇カ月の効果といっても、耕耘で土をかき混ぜないことが条件になる。殺菌型の消毒がとくにそうである。途中、耕耘するとその時点で効果は失われる。例えば、関東以西の果菜の促成栽培は、九～十月に定植して翌年六月まで栽培するが、この栽培日数は効果の持続期間に難なく収まる。問題は、抑制栽培と半促成栽培の組み合わせである（いわゆる二作型）。組み合わせても一〇カ月内に収まるが、後作の半促成栽培を始める際にウネをつくり直すと消毒効果は失われる。効果を持続させるためには抑制栽培のウネを連続して使う、いうならば「前作ウネ利用栽培」をする必要がある。

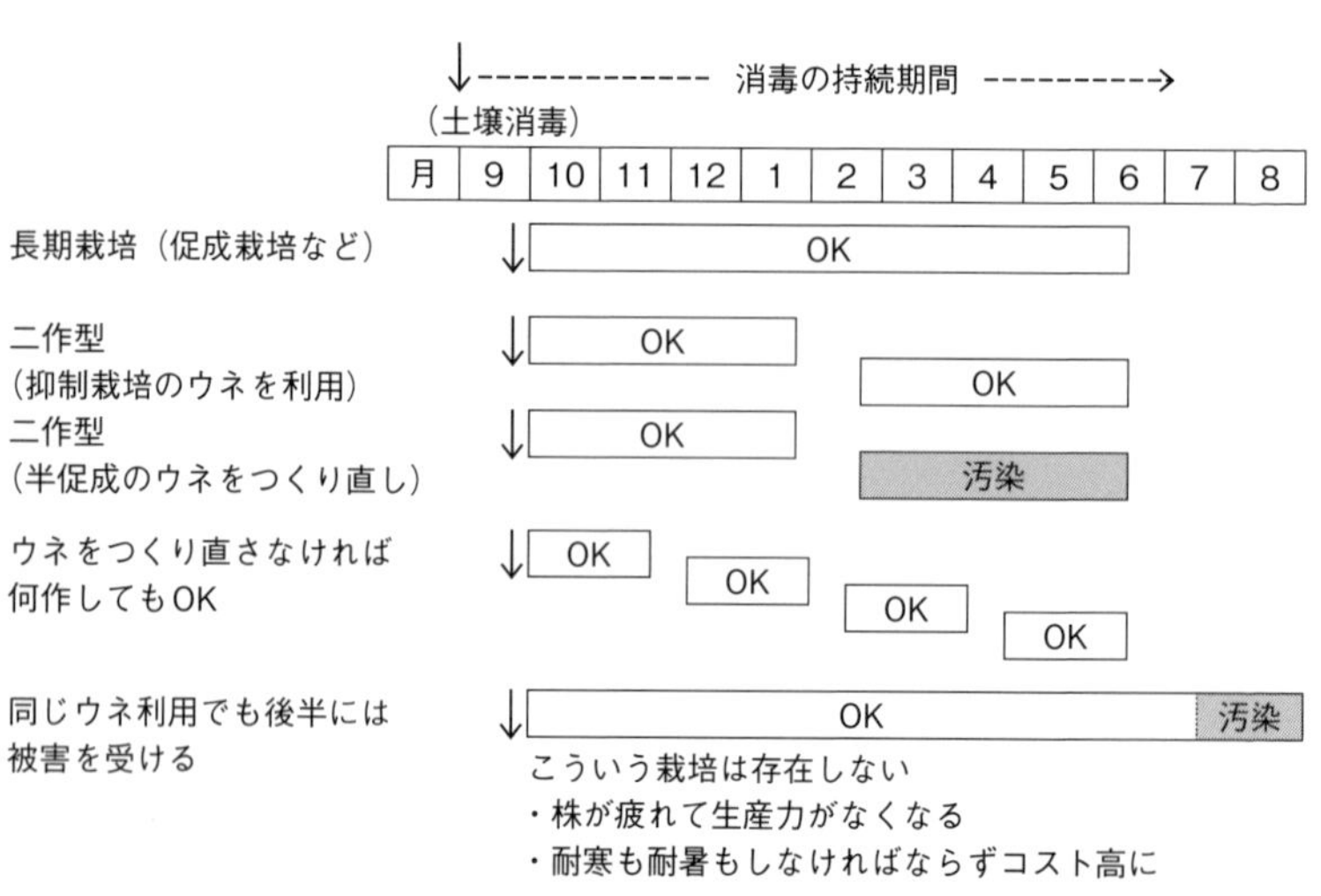

ウネをつくり直さなければ土壌消毒の効果は持続する

堆肥、石灰などの土づくり肥料はいらない

この場合、後作の元肥は、前作が土中の肥料濃度を意識して、最後まで適正な追肥を行なっていたなら必要ない。そのまま定植して栽培を始めればよい。元肥が必要かどうかはＥＣを測定すればすぐ判明する(１３０ページ参照)。もし必要ならウネ面に粒状の三要素系肥料を施用し、水をかけてウネ内に養分を溶かし込む。

一方、後作の元肥に堆肥や石灰などの土づくり肥料はやらない。土づくり肥料は、三要素系肥料とは異なり、耕耘して土と混ぜないと施用効果は出ない。前作ウネ利用栽培では耕耘しないので、土づくり肥料の施用は意味がない。土づくり肥料は前作に施用しておけば十分である。というか、この栽培は、土づくり肥料の施用は一年に一回でよいことを確認する機会になるだろう。

ウネをつくり直さなければ、二作型だけでなく、葉菜やメロンの三~四作連続栽培でも消毒効果は持続する。

土壌消毒をした圃場では、消毒によってつくられた耕土の上澄みの部分で栽培をしているという意識をもたなければならない。不用意に揺らして濁らせると、即座に消毒効果は消失する。

果菜の畑は土が湿っているときに耕耘すべし

果菜にはゴロ土がよい

野菜の作付け前の作業に耕耘がある。乾いている土と湿っている土とでは、耕耘後の土の状態が異なる。乾いていると、土が細かく砕かれて均一の小さな粒子になるが、湿っているときは大きさが不均一の土塊が混ざった土になる。作業のしやすさからみれば、乾いているほうが機械に負荷がかからないのでラクである。

露地に直まきする根菜や小さな苗を機械で植える葉菜は、比較的細かい粒子の土のほうが発芽や活着がうまくいく。そのため、作業しやすい乾いたときに耕耘すればよい。これに対し果菜は、土塊の混ざった土のほうが生産性は高くなる。そのため、必ず土に湿りをもたせて耕耘することが大切である。

湿りの目安は、土壌消毒の適湿と同じで土を強く握りしめると団子ができる状態である。

土塊が充実した草姿に

果菜は、栽培初期の株の奔放な生長を許さず、定植後しばらくはかん水を少なめにして茎葉を適度に絞り、ストレスに強い充実した草姿にする必要がある。それが、キュウリやトマトなどの長期作を可能にするし、スイカやメロンでは着果を安定させ、果実の品質を高める。ただし、かん水を少なくするといっても、強い萎れをおこさせてはならない。

大小の土塊の混ざった土では、かん水した水が、根が直接ふれない場所にも多く取り込まれる。加えて、水の粒子同士のつながりも強くないので、作物に一気に吸われることは

上は土が乾いた状態で、下は湿った状態で耕耘。土の状態はこんなに違う

ない。また、土が乾いているように見えても吸水できる場所がどこかにある。そのため、かん水を少なくする効果をしっかり出しながら、強い萎れをおこさずに、充実した草姿にもっていきやすい。

一方で、細かい粒子の土は、土中の毛管水とつながっており、根が吸いやすい状態の水が均一に存在する。根が水を吸いやすいために茎葉を絞る効果は出にくい。また、細かい粒子の土では根が伸張しやすく、活着後すぐに太い根が直線的に伸びる。根の伸びやすさと水の吸いやすさの表われとして、真っすぐで分岐の少ない根となる。

土の隙間は根にとって障壁だが……

土塊の混ざった土に伸びる根は、次の二つの制約を受ける。

①定植後しばらくは、根は土塊を通り抜けることができない（通り抜けるのは土塊に根が多く張りついた後）。

②根は気体の空間を突き抜けて進むことはできない（土に接していなければ機能を発揮できない）。

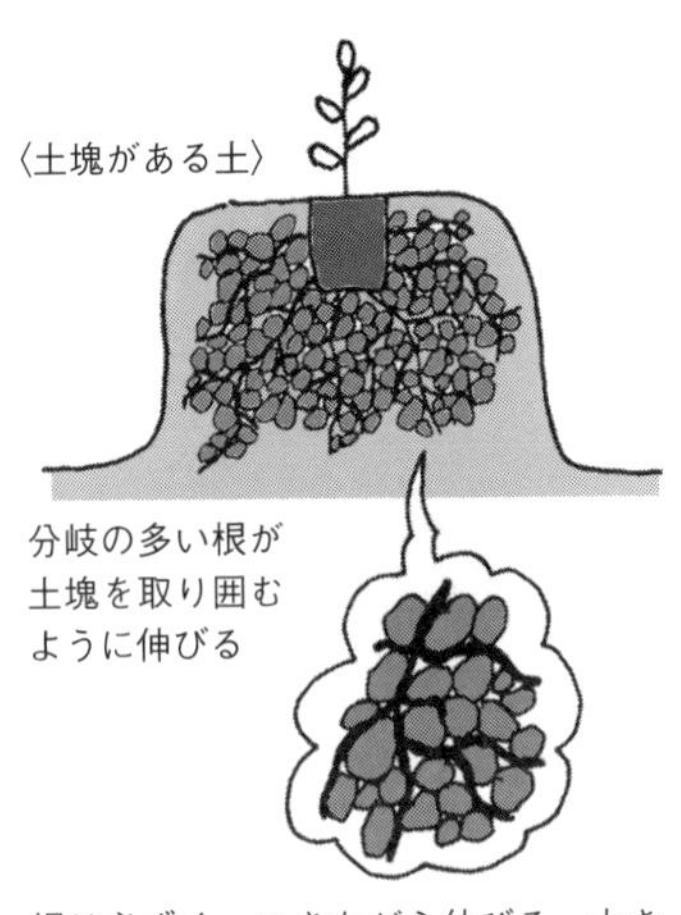

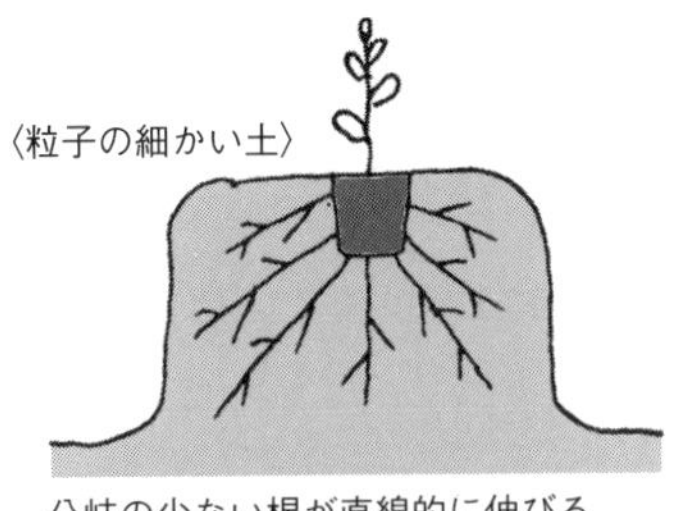

土塊の混ざった土の根は直線的に伸びず、曲がりながら伸びるが、その活性は高い

だから、土中の大きな隙間は根にとって伸張の障壁となる。土塊を通り抜けられず、大きな隙間のなかも通れないのだから、根は直線的に伸びることができず、土塊に沿って曲がりながら伸びる。曲がることが根の分岐を誘起し、多くの側根やひげ根を生じさせる。

なお、真っすぐ伸びないことと根の活性は別の問題である。片側を土に接して本来あるべき姿を維持しながら、片側で隙間の酸素を享受するので、土塊の混ざった土の根の活性は高い。土塊の混ざった土では、活性の高い根をたくさんもつことになる。

＊

土の隙間は土塊がないと生じない。だから、根に対する隙間の制約と効能は、畑の耕し方とは切っても切り離せない関係といえる。

近年のハウスは、数年張りっぱなしの被覆材を使うことが多くなり、土が雨にあたらず、乾いた状態で耕耘することが多いようだ。これでは土塊はつくれないので、耕耘前に散水して土を十分湿らせることが必要である。湿った土の耕耘やウネ立て作業は決してラクではないが、果菜栽培で好成績を上げるにはここから始めなければならない。

水を控えたければ鎮圧すべし

毛管水のおかげで土を乾かせる⁉

かん漑が近代化される以前のことであろうが、雨の少ない中央アジアのある地域では、降雨の後、耕地の表面をごく浅く耕す作業をすると聞いた。地中にしみ込んだ水が毛管現象で地表へ移動するのを断ち（毛管水を切る）、蒸発を少なくしようとする作業で、非常に効果が高いらしい。逆にいうと、毛管現象のすごみが伝わる話である。

ここでは、毛管水を利用した栽培を述べるが、これを積極的に吸わせるというより、毛管水のおかげで「土を乾かすことができる」という内容になる。土を乾かすのだから、降雨の影響を受けないハウス栽培が対象である。

萎れない程度の土壌水分に

野菜には、土を乾かして吸水を制限したい品目がある。もちろん強度の萎れをおこさせてはいけないが、その目的と代表的な品目から述べる。

葉菜での吸水制限の目的は、水太りさせずに少ない水分で丈夫に育て、保存性や輸送性をもたせるとともに、栄養価を高めることである。代表的な品目は、①株ごと収穫するホウレンソウやコマツナなど。②株を残して葉をかき取りながら長期的に収穫するパセリやシュンギクなど。

果菜での目的は、水を吸わせることによる果実内の糖濃度の低下を防ぎ、甘い果実にすることである。代表的な品目は、①果実を一度に収穫するメロンと、②長期にわたり高糖度の果実を収穫するトマト。

このうち、葉菜も、果菜も①は、収穫前一週間くらいを乾いた状態にするのがポイントになる。「最後の水かけを、いつ、どのくらいの量やるか」という判断を間違わなければ処理できる。毛管水との関係は薄い。

問題は②である。日々の水かけの工夫だけで長期にわたって強度の萎れをおこさずに、土壌水分の少ない状態を保つことは、きわめて難事である。これを実現するためには、土壌の状態から変えたほうがいい。土壌深部から不断に供給される毛管水を利用できるようにすることである。水の豊富な深い場所と地表までの土をしっかりつなげるためには、鎮圧をして、圃場全体の土を緊縮させる必要がある。

鎮圧は、ウネを立ててから行なう(植える場所はわずかであっても高いほうが植えやすいので、鎮圧で低くなってもいいからウネをつくる)。トラクターを行き来させてタイヤで押さえてもいいし、重いローラー状のものを引いてもいい。面積が狭いなら足で踏み固めてもいい。

その後、圃場の表面に水が浮き出てくるほど多量のかん水をする。土壌の種類にもよるが、一a(一〇〇㎡)に三~五t(三〇~五〇㎜)が目安。これで水の豊富な深い場所と地表までの水のつながりができる。そして、土が乾いて固まる前に、定植(または播種)をする。たいがいはゴム長を履いての作業となる。

緊縮土壌でのパセリ
収穫（葉をかき取っていく）開始から半年余り

多量かん水後の土壌水分の違い

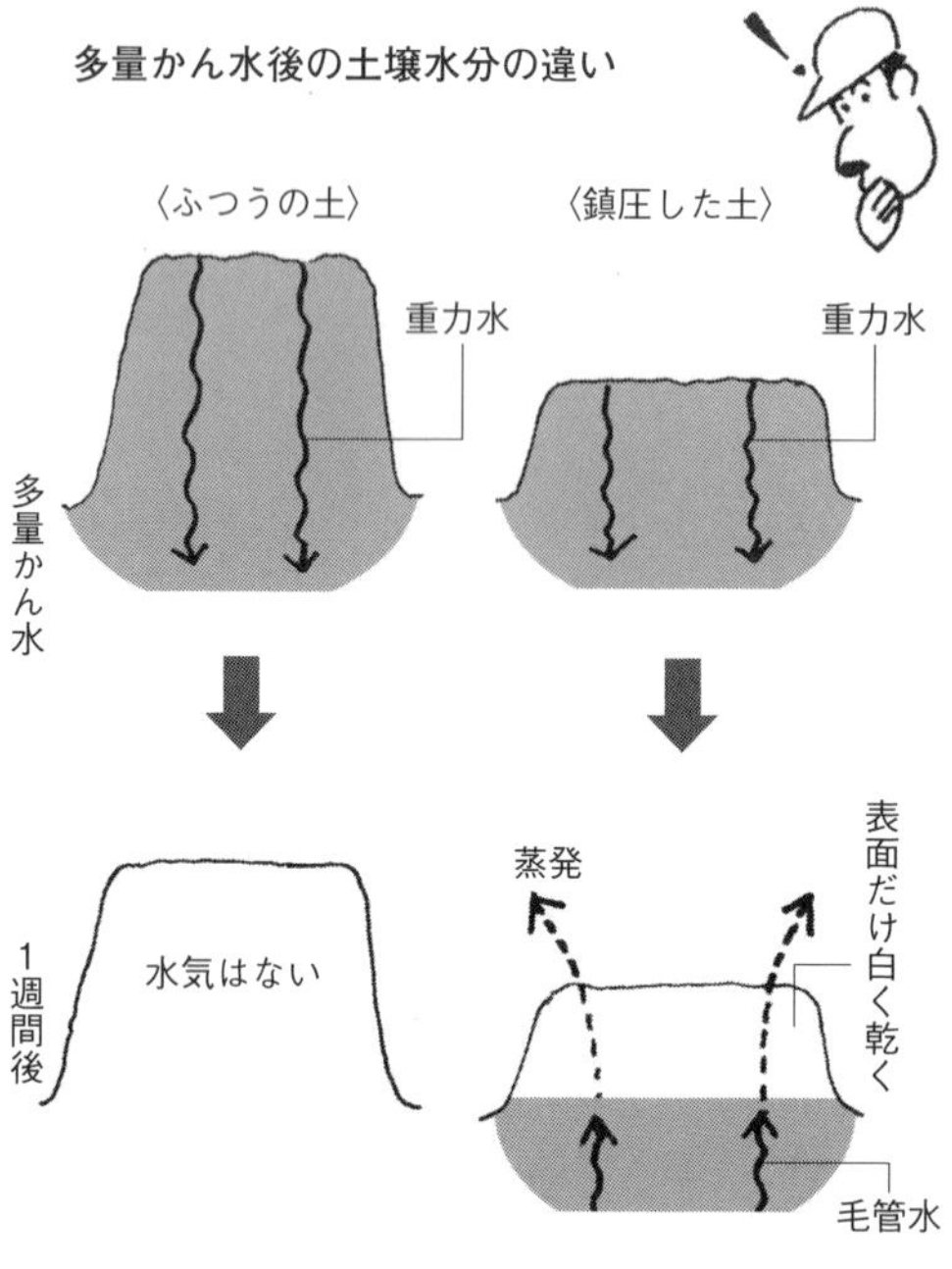

〈ふつうの土〉
〈鎮圧した土〉
重力水
重力水
多量かん水
1週間後
水気はない
蒸発
表面だけ白く乾く
毛管水

多量かん水すると、ふつうの土は重力水で下に流れてしまうが、鎮圧した土は毛管水が上がってくる。地表面は蒸発するので白く乾く

表面は乾くが地下は湿っている

水分があるのですぐに活着（発芽）する。そして、土壌の表面がすぐに乾き始める。大量の水かけ後一〇日もすれば、土壌の表面は真っ白に乾く。しかし、土中では作物が萎れない程度の毛管水が不断に根域に供給されている。これが、人の手ワザではできない、少ない水分を持続的に供給できる土壌である。

もちろん、必要と判断すれば水をかければいい。かける量は厳密に考えなくていい。命綱としての毛管水があるのだから、少なすぎたときは足せばいいし、多すぎたとしても地表からの盛んな蒸発ですぐに乾くので心配ない。

もっとも、トマト（一般的糖度の生産）やキュウリなど果菜でも毛管水も利用する栽培は可能だが、あまり得はしないかもしれない。着果した状態の果菜は水の要求量が多く、毛管水の恩恵を覆いつくすほどのかん水を必要とする。そのため土が緻密なことによる蒸発で地表から失われる損失のほうが大きく、ふわふわの土よりもかえってかん水量は多くなるからである。

土壌消毒のタイミングは……

なお、鎮圧する土壌での土壌消毒は、薬剤なら鎮圧前に行なう。太陽熱処理なら施肥やウネづくりなど耕耘を伴う作業が終わってさえいれば、鎮圧作業の前でも後でもよい。微生物増殖法も鎮圧の前後どちらでもよい。定植後の処理もできないことはないが、多量の水とともに処理することになり、鎮圧の目的のかん水制限と逆行する。するなら定植前だろう。

「ウネなし栽培」のメリット

野菜に不耕起栽培はない

イネやダイズには不耕起栽培があるが、野菜にはない。理由は石灰や堆肥などの土づくり肥料を施用するからである。野菜は土づくり肥料をやらないといいものはとれない。また、三要素系肥料なら土の表面に施用しても効くが、土づくり肥料は土と混ぜないと施用の効果が出ない。混ぜるには耕起しなければならない。

ただし、野菜でも不耕起に似た栽培はある。前作の床を耕起せず、そのまま栽培する方式である。しかし、このやり方は「前作床利用栽培」または「前作ウネ利用栽培」と呼ぶのがふさわしく、不耕起栽培とはいえない。野菜はどこかの時点で土づくり肥料を施用するからである。

野菜で不耕起と呼んでいる栽培は、「ウネなし栽培」というのが実情に近いだろう。

そもそもウネとは？

「ウネなし栽培」という呼び方について一点だけ補足しておく。

ウネは土を盛り上げた部分を指す場合と、一列の野菜に割りあてられた通路を含めたスペースを指す場合がある。後者が本義である。そうでないと、植え付け株数も算出できない。野菜にとって大事なことは盛り土の幅ではなく、地上と地下の割り振られるスペースである。地上部の茎葉はいうまでもなく、根も大半は盛り土を通り抜けた下のほうで張る。そのことからも通路を含めたスペースをウネとするのが正しい。

本義のウネは、土の盛り上げのあるなしにかかわらず存在する。そのため、土を盛り上げないことをもって「ウネなし栽培」というのは無理がある。しかし、慣行として盛り土した場所をウネと呼ぶことが多いので、本書でもそれに従う。

耕して均した状態とウネ立てしたときの地表面の変化

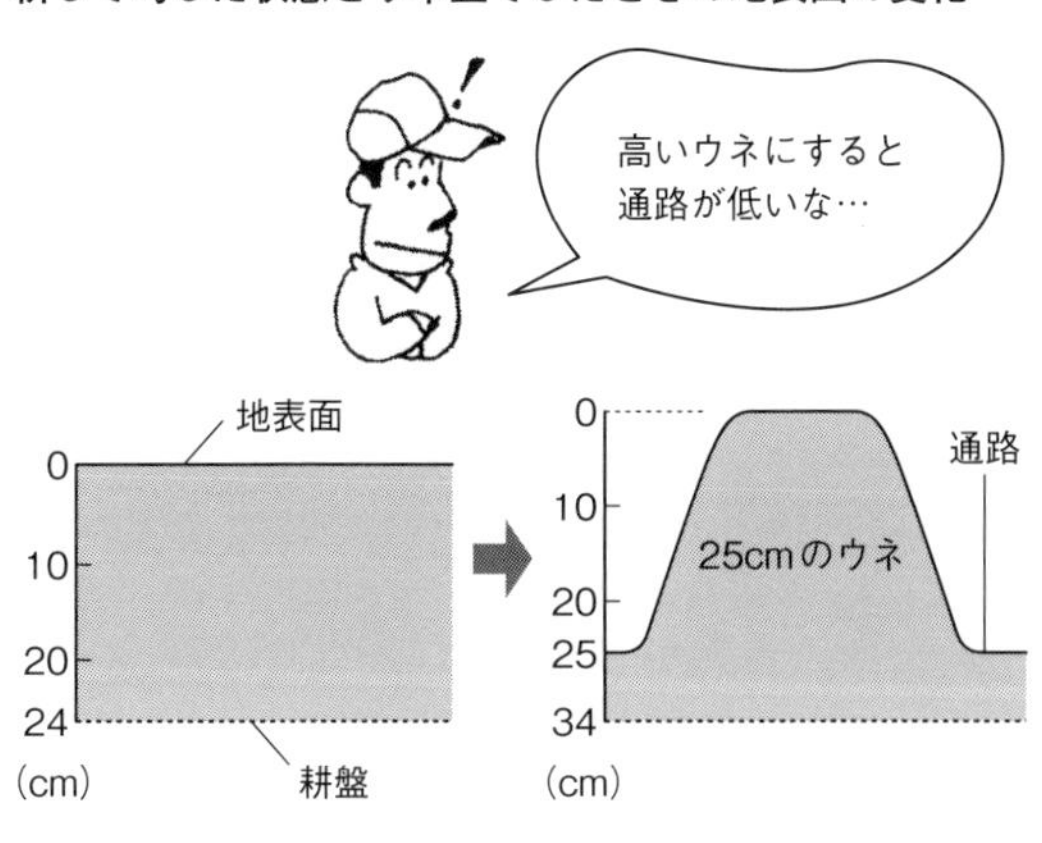

左は耕して均した状態。地表から耕盤層までの深さが24cmある。この圃場で高さ25cmのウネをつくると（右）、通路がかなり掘り下げられる

ウネなし栽培は湿りの強い土で力を発揮

圃場全体の地表面がもっとも高いのはウネを立てる前の状態である。この状態で定植するのがウネなし栽培である。

一方、ウネは通路になる場所の土を盛り上げてつくる。そのためウネを高くすればするほど通路は下がる。不必要に高いウネをつくることは、低すぎる通路をつくることになり、湿り気の多い土地では通路をベタつかせることになる。また、通路が圃場外の地表面より低くなると、大雨のときに水がセリ込みやすくなる。

ウネなし栽培は地表面が高く、表面付近はカラリと乾いている。それでありながら、土が適度に締まっているため、根と水のつながりが保たれ、水不足になりにくい。土が適度に締まっているので、力感のある茎葉になりやすい。

地表面の高いウネなし栽培は、土の湿りが強い干拓地の圃場

通路が広々とするウネなし栽培（メロン）
収穫車がすれ違うこともできる

などで試してほしい方式である。

通路が広く作業もしやすい

作業環境からみたウネなし栽培のよい点は、通路にウネの側面が迫っていないので、通路が広々としていることである。そのため、ウネ立て栽培では不可能な収穫車の交叉もできる。

ただし、そういうウネなし栽培のよさは、ハウスで発揮される。降雨のある露地では、ウネの上部だけでも多湿にならない場所を確保しておくことは大事で、ウネを立てる栽培でなければならない。また、ウネなし栽培は定植後しばらくの間だけは管理者から見て野菜が低い位置にあり、管理に少し苦労する。イチゴのような背の低い品目は栽培全期間にわたって作業性が悪いので勧められない。

なお、ウネなし栽培で太陽熱処理をするときの手順は、これまで述べてきたこととそっくり同じである。

鍬でウネをつくる

ウネなしとはいいながら、ここで「ウネづくり」の話を。

大規模経営の農家はウネを管理機でつくるので、その形状の工夫に限りがあるが、直売所に出荷する規模の野菜づくりでは、ウネを鍬でつくっている人もおられるだろう。鍬ならウネを好みの形につくることができる。

ウネづくりは、通路になる場所の土をウネになる場所に積み上げる作業なので、ウネと同時に通路もつくられていく。ウネづくりは通路づくりでもある。野菜の生育中の作業環境を第一に考えるなら、ウネづくりよりも通路づくりを意識したほうが、いいウネといい通路ができる。

逆し字か、なで上げか

鍬には数種類あるが、ウネづくりに使うのは平鍬である。土をすくうにはこの鍬がもっとも適する。

かつては「鍬使い」という言葉があり、整地作業の器用さを表わした。また、柄を握るときに利き腕を前にするか後ろにするか、前進しながら使うか後退しながら使うかなど、ちょっとした操作体系があった。「鍬使い」は消えようとしている技の一つだが、それはさておき、ここでは鍬を使ってウネをつくる際に、念頭におきたい二つのことを述べる。

一つはウネの側面のつくりのことである。きわめてざっくりとした分け方になるが、二つタイプがある。

鍬を使ってウネ（通路）をつくる
ウネの形でなく鍬の動きの区別

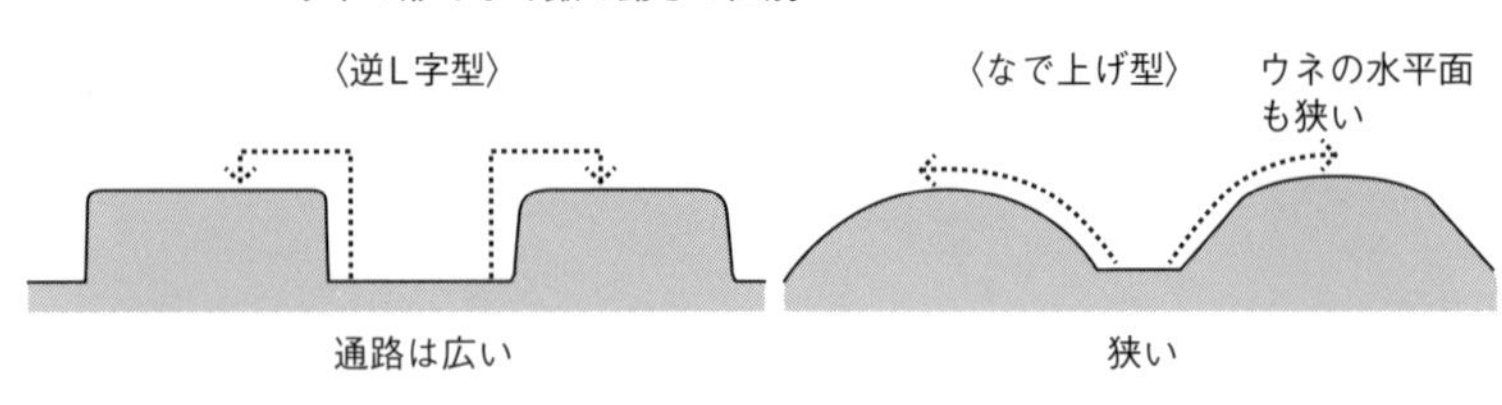

鍬（平鍬）の動き

①通路の土をすくった鍬を、垂直にもち上げた後、横移動してウネ上に落下させる。
②通路の土をすくった鍬をウネの側面をなでるようにもち上げ、ウネ上で鍬を横倒しにして落とす。

なで上げ始める位置を①と同じにすると、ウネの上面が狭くなりすぎるので、①よりも通路の中央寄りの位置からなで上げる。

ウネの形でなく、鍬の動きによる区別で、①を「逆L字型」、②を「なで上げ型」と仮にしておく。それぞれ次の特徴がある。

①は重い土を鋭角的に動かすので作業が少し辛い。そのかわり通路の実幅が広く、収穫車が交叉できるような通路を目指すならこのタイプである。ウネ面も広く、かん水チューブを設置するスペースも十分ある。

②は重い土を直接抱え上げるのではなく、重さの半分は斜面に下支えされた状態でウネ上にもち上げる。作業は比較的ラクである。ラクなかわりに、空間としての通路は①より広いが地面は狭い。ウネの上面も狭い。管理者から野菜までが遠くなるのも気になる。

鍬を使ってつくるウネの基本形は、この右の二つになろう。特徴を活かしつつ派生形の考案を勧めたい。

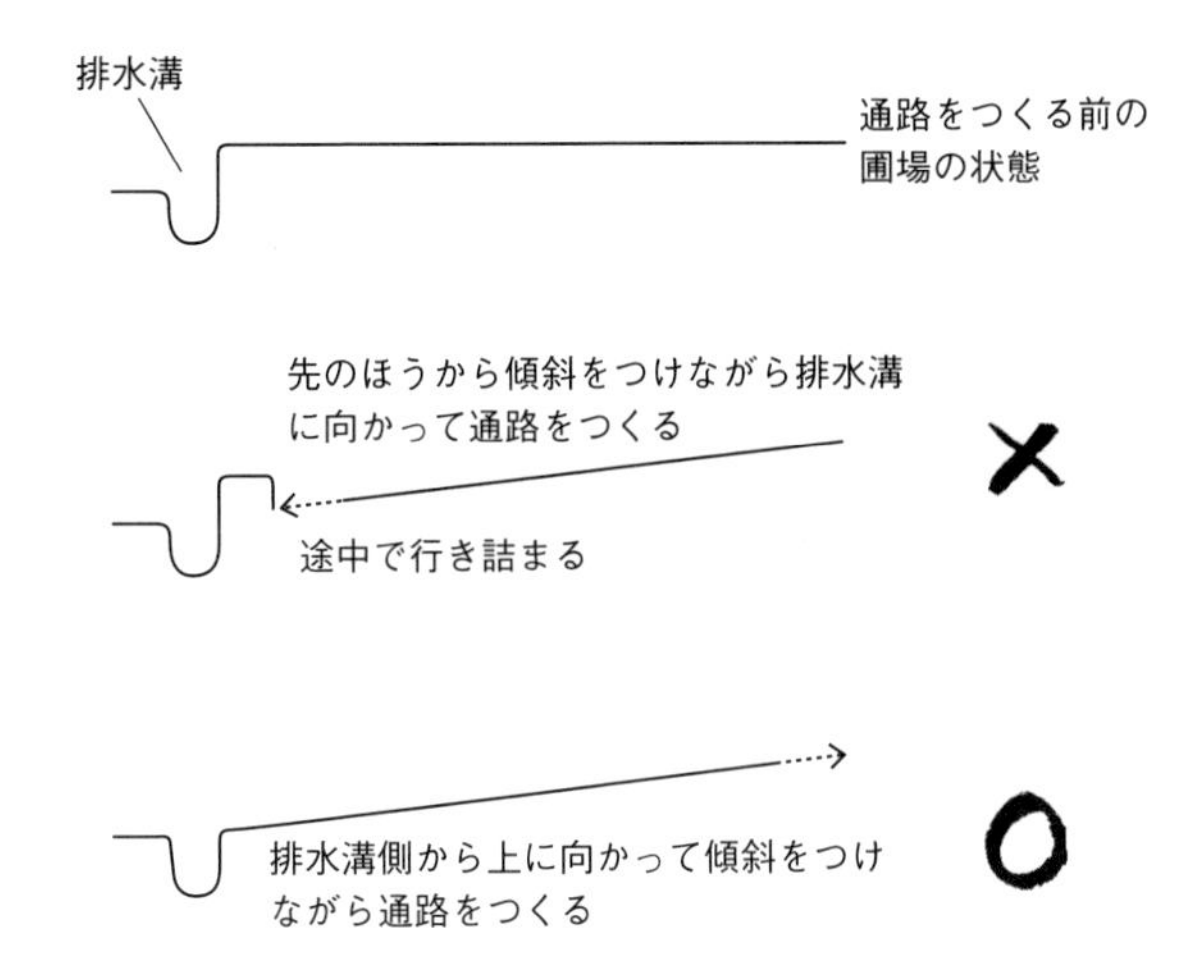

通路の傾斜は排水溝側から上に向かってつける

鍬を使ううえで知っておきたいもう一つの作業は、通路の傾斜のつけ方である。通路に傾斜をつけるのは排水のためで、雨を受ける露地栽培ではとくに大切である。またウネ間かん水をした後に、通路に滞水するようでは困る。そうならないためにも傾斜は必要である。傾斜は急である必要はなく、外見からはわからないぐらいのなだらかさで十分用をなす。

作業のコツはきわめて単純である。水を落とす最終部から上部（いわゆる上流）に向かって通路（ウネ）をつくっていけば、容易に傾斜をつけられる。これに対し、上部から下部（いわゆる下流）に向かって傾斜をつけようとすると、すぐに急な傾斜になり、最終点に至る前に作業は行き詰まる。

ひとウネ減らしてみよう

これさえ守ればいいという視点

いわゆる栽植方法は、栽植密度（面積あたりの株数）、ウネの方位、ウネ幅、列数、株間などで構成される。このなかで収量に直接関係するのは栽植密度、つまり株数である。そのため、株数は人による違いはほとんどなく、数はほぼ決まっている。逆にいえば、株数以外は決まったかたちはなく、工夫の余地がある。なお、株数といっても、果菜の場合、二本仕立てや三本仕立てもあるので、厳密にいえば面積あたりの茎の数が重要である。

技術を見直す場合、原理原則に対し「これを守らなければならない」といった制約から入り込むと身動きがとれなくなるが、「これを守りさえすればよい」という気分で向き合うと、可能性の地平が開ける。このことを栽植方法にあてはめると、株数を守りさえすれば、ほかのことは見直してもよいということになろう。

ところで、ウネは本来は通路を含めた範囲を指すが、前にも述べた通り本書では単に盛り土の部分をウネとして述べている。

ひとウネ減でメリット大

栽植方法で重視したいのは作業性と日あたりである。このことはハウスで果菜を立ちづくりする場合にとくに大切である。

作業性をよくするためには通路を広くとることが一番である。とくにサイド側（連棟ハウスでは谷側も）の通路が狭いと、窮屈である。通路を広くとることは、日あたりをよく

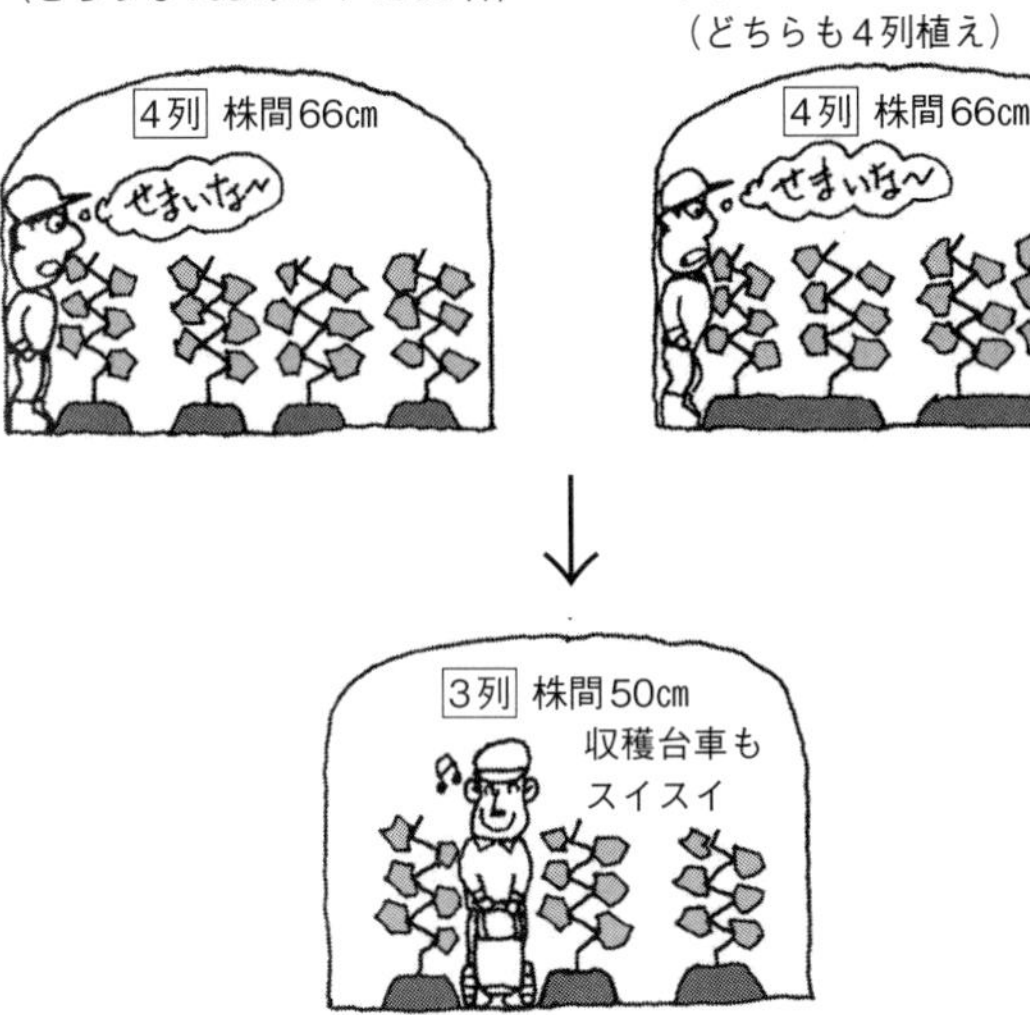

することにもなる。だから、作業性と日あたりの目標は重なる。

通路を広くするには列数を減らすのがもっとも手っ取り早い。もちろん、列数は減らしても株数は減らせない。そのため株間を縮めることになるが、このことへの抵抗感が列数を減らす試みを阻んでいる。しかし、株数確保のための株間の縮小は、イメージしているほど過密にはならない。

例として、間口六mのハウスで、一〇aあたり一〇〇〇株植えるキュウリで考えてみよう。通常、四列植えが多く、株間は六六cmである。これを三列にしても株間は五〇cmでよく、思いのほか接近しない。

三列の場合の株は、ウネに対して縦方向のスペースは狭くなるが、横方向のスペースが広がる。つまり四列でも三列でも、一株に与えられるスペースは同じである。栽植密度が同じ一株／㎡なのだから当然である。株が繁茂するための空間は、縦横が均等である必要はなく、必要なスペースさえ与えれば、果菜自らが茎葉をきちんと収める。

列を減らすと通路が広くなって作業性がよくなるだけでなく、支柱やかん水チューブの数も減らすことができる。

ハウスサイド側の通路を十分確保する

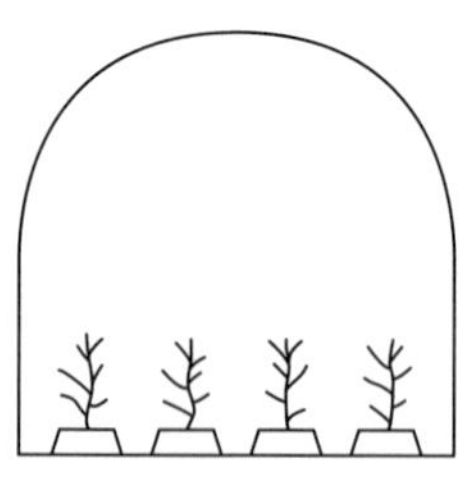

ウネを均等に配置。
両サイドや谷部の
通路が窮屈になる

ウネを中央部に寄せて配置。
両サイドや谷部の通路が
窮屈にならない

株をウネ端に植えてもよい

なお、列を減らさない場合でも、ウネを均等に配置したかたちでつくらず、サイド側の通路を十分確保したうえで配置するとよい。もし、ウネを均等に配置してつくってしまった場合は、株はウネの真ん中に植えるという決まりはないので、サイド側のウネは苗をハウスの中央寄りに植え、茎葉を少しでもサイドの被覆材や骨材から遠ざけるとよい。株はウネの真ん中に植えようが端に植えようが、根が本格的に張るのはウネより下なので生育にも何ら影響はない。

●コラム●

栽植密度の表現法

栽植密度は、一〇〇㎡あたり一二〇株植えというようないい方をすることが多いが、同じことであっても一㎡あたり一・二株植えと表現したほうが、状況がリアルに思い浮かぶし、栽培面積が変わっても即座に換算できる。このいい方は、野菜の側の視点に立つことにもなる。野菜にとって自分に与えられるスペースが重要で、仲間の数ではない。

ウネ幅、株間、列数などの栽植方法は、増収技術ではなく、作業環境の快適化技術と割り切ったほうがすっきりする。

内張りと暖房機、どちらを先に準備する？

暖房機の準備を先にすべし

温暖地や暖地のハウスで、秋から冬に向かって栽培する果菜は、最低気温が一〇℃を切る時期になると、内張りカーテン（以下、内張り）による保温と暖房機による加温が必要になる。暖房機で暖めた空気の放熱を内張りで防ぐので、燃料の節約には両者は切り離せないセットの装備である。しかし、内張りと暖房機の役割を、はっきりと切り離して考えなければならないときが秋に一回ある。

内張りの作動調整やフィルムの補修、暖房機の作動確認や燃料の確保などは、定植前に済ませておくのがベストである。しかし、本格的な寒さがくるまでに間があるときは、これらの準備は定植後にすることが多い。先に内張りの準備をし、その後で暖房機という順序が多い。だが、先に準備しなければならないのは暖房機のほうである。

十月下旬の三～四日間が問題

例年、十月下旬、内張りだけでは明け方に最低限界温度を下回る日が三～四日間やってくる。十一月になるとまた暖かくなるが、とりあえずこの三～四日間を乗り切らなければならない。そのときの管理の仕方で生育が大きく変わる。暖房機も内張りも準備ができている場合、両方を使って乗り切ろうとするのがふつうであるが、暖房機だけで乗り切ることを勧めたい。

その理由を、乗り切り方の違いが生育に顕著に現われるキュウリを例に述べる。

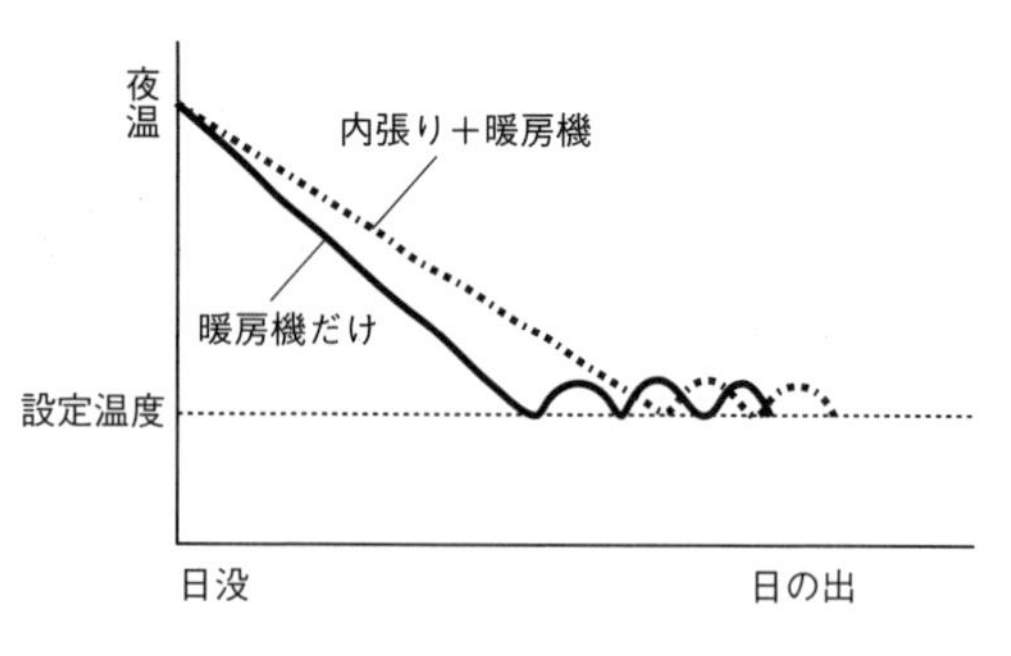

両方を使った場合も、暖房機だけを使った場合も、設定温度で暖房機は動くのだから、ハウス内の最低温度は同じである。しかし、暖房機が作動するまでの温度経過が問題である。

明け方には暖房機が動くが、夜のほとんどの時間は内張りなしでも、キュウリにはまだ適夜温の季節である（一三～一五℃）。内張りをかぶせると、それより夜温の高い時間が長くなる。そうすると株はまだ若々しい状態にあるため、光合成産物はツルの伸張に使われて果実に回らない。そのため尻太果が増える。

茎葉と果実のバランスが崩れる

内張りをかぶせると、三～四日間の高夜温の影響だけでなく、それ以降も問題を引きずる。というのは、いったん内張りをかぶせ始めると、十一月になってまた暖かくなるのに、暦の上では冬に向かっていることもあり、夕方にはかぶせるという習慣がついてしまう。そのため、ツルの伸びだけがますます旺盛になり、尻太果だらけになる。

生育適温がキュウリに近いトマトやカボチャも、この時期の高夜温はせっかく釣り合わせていた茎葉と果実のバランスを崩しかねない。三～四日間の加温が必要な時間は明け方の二～三時間であり、使う燃料はたかが知れている。ぜひ暖房機だけで乗り切ることを勧めたい。

メロンでも暖房機の準備が先

暖房機の早い準備が必要なのは、アールス系メロン（最低夜温一八℃）でも同じである。この季節に栽培するのはクリスマス向けである。アールス系メロンは着果後六〇日で収穫するので、クリスマス向けの収穫を十二月十五日と想定すると、問題の十月下旬は交配後五〜一〇日にあたる。この生育ステージの果実は温度に敏感な時期であり、低温に遭わせると果実の組織が硬化して十分な大きさの実にならないまま収穫期を迎えてしまう。

最適夜温の高いメロンは、内張りをかぶせて暖房機を動かしてもいいが、どちらか一つしか用意できていない場合、内張りでは必要な温度を保てない。暖房機の準備ができていれば内張りなしでも必要な温度は確保できる。

品種比較試験を侮るなかれ

品種比較試験は容易か

野菜の銘柄統一のためには品種を揃えることが必要であり、各産地とも主力となる品種がある。

一方で、次々に新品種が発表されるので、それらの能力を検定して切り替えに備える必要があり、研究機関で新品種の能力検定が行なわれている。能力検定は、品種比較試験（品種選定試験とも）と呼ばれている。生産集団においても、独自にあるいは地区の指導機関との共同で、農家の圃場の一画で品種比較試験が行なわれる。

品種比較試験は、複雑な装置や計測機器を必要としないため、試験自体は容易なものとされている。しかし、本当に容易な試験なのだろうか。

条件を揃えないほうがいい場合もある

能力を比較する試験では、条件を揃えることが基本であり、品種比較試験でもこの基本が踏襲されている。しかし、試験をする人の力量によっては条件を揃えることに固執しないほうが成果は上がる。

品種比較試験は現在の主力品種を対照として行なわれる。そして条件を揃えて試験した場合、往々にして対照品種の成績がもっともよい結果になる。揃える条件が、つくり慣れた対照品種に合わせたものになりやすいからである。条件を揃えると「現職有利」になりやすい。

個々の能力を発揮する管理法を知るほうが有益

品種はそれぞれに個性があり、それを引き出すような栽培をすることで、初めて能力を発揮する。かん水量一つをとってみても品種により適量が異なる。追肥の量についてもそうであり、農薬散布のタイミングなどもそうである。品種比較は、そういうことがみえる達人がすべき試験である。

そういう人の手にかかってそれぞれの品種に向く管理をすると、どの品種も能力を発揮する。全品種を一律の管理で栽培して、好成績を上げる一つの品種を知るよりも、供試した品種それぞれが能力を発揮する管理法を知ることのほうがはるかに有益である。

満点の成績を上げる「方法」を比較

同じ管理法で栽培した場合の能力を比較するのではなく、十分な能力を発揮させたうえで、そこに至るプロセスを比較するのである。すべての品種に満点の成績を上げさせたうえで、自分たちに合った管理のできる品種を選ぶというやり方である。

別のいい方をすれば、満点の成績を上げる「方法」の比較試験をするのである。繰り返しになるが、そういう試験をするためには、栽培のごく初期にそれぞれの品種の性質を見抜く力が必要である。その意味で、品種比較は巷間いわれるような容易な試験では決してない。生産集団で品種比較試験をするときには、集団きっての達人にお願いしてほしい。

硬い土の根は白く美しい

3章

施肥、仕立て、交配、摘葉、防除など

生育中の諸管理

元肥には残肥も使うべし

炭水化物と肥料の違い

光合成を促して糖やデンプンなどの炭水化物の生産を増やすことと、養分（肥料）を過不足なく吸わせることは、作物を上手に栽培するための大前提である。

まず、肥料の特性を知るための対比として炭水化物のことにふれる。炭水化物は生産もされるが、消費もされる（呼吸など）。生産より呼吸が上回る状況になると、体内に含まれる含有量は減少する。つまり炭水化物の含有量には増減がある。

一方、養分（肥料）はいったん吸収されると消費で失われることはなく、体内含有量は栽培日数に応じて増えていき、栽培終了時に最大になる。もちろん吸収した養分がすべて体内に積み上がるわけではない。栽培中に株の一部を摘み取る品目では、株内の肥料の一部は圃場外にもち出される。もち出しのもっとも大がかりなものは果実の収穫である。次いで摘葉や整枝である。

吸収した養分（肥料）は減ることはない。養分のこの性質が施肥技術に貴重な幅をもたせている。炭水化物が双方向に動くのに対し、養分は片方向にしか動かない。施肥技術はここから始まる。つまり、土壌中の養分は、野菜が吸収したぶん減少し、追肥をしなければ栽培終了時に最少になる。養分の収支は炭水化物では考えられないほど正直である。

除塩は不要

さて、元肥は、前作の残肥を差し引いて施用することを習慣化しなければならない。残肥は悪いもののようにいわれることがあるが、立派な肥料資源である。とくにリン酸とカリは有限の資源であるだけでなく、原料のリン鉱石とカリ鉱石は、日本からはひとかけらも産出しないことを知らなければならない。

除塩して残肥を流すことがあるが、前作に肥料過剰の障害が出たのならともかく、正常な生育で栽培を終えたのであれば、残肥は次の二つの状態のどちらかであり、除塩の必要はない。

①元肥なしで次作を始めてもいい状態

②不足分を補って、次作を始められる状態

残肥の養分間に偏りが生じているので除塩するという考えもないではない。だが、これにしても、前作が正常な生育で栽培を終えたのなら、問題になるほど偏ってはいないと考えるのが自然だろう。

偏りがいやなら、最初から偏らない組成の施肥をすることである。農作物は、成分の吸収比が品目ごとに明らかにされている。それをもとにして施肥をすれば、偏ることは決してない。

除塩は短期間の湛水でも効果はあるが、除塩自体が肥料をムダにする。湛水は見直す必要がある

残肥を活かす二つの手

元肥は、残肥を勘定に入れて算出する。

残肥の状態を知るには、通常、栽培が終わったら、JAや普及センターに土壌

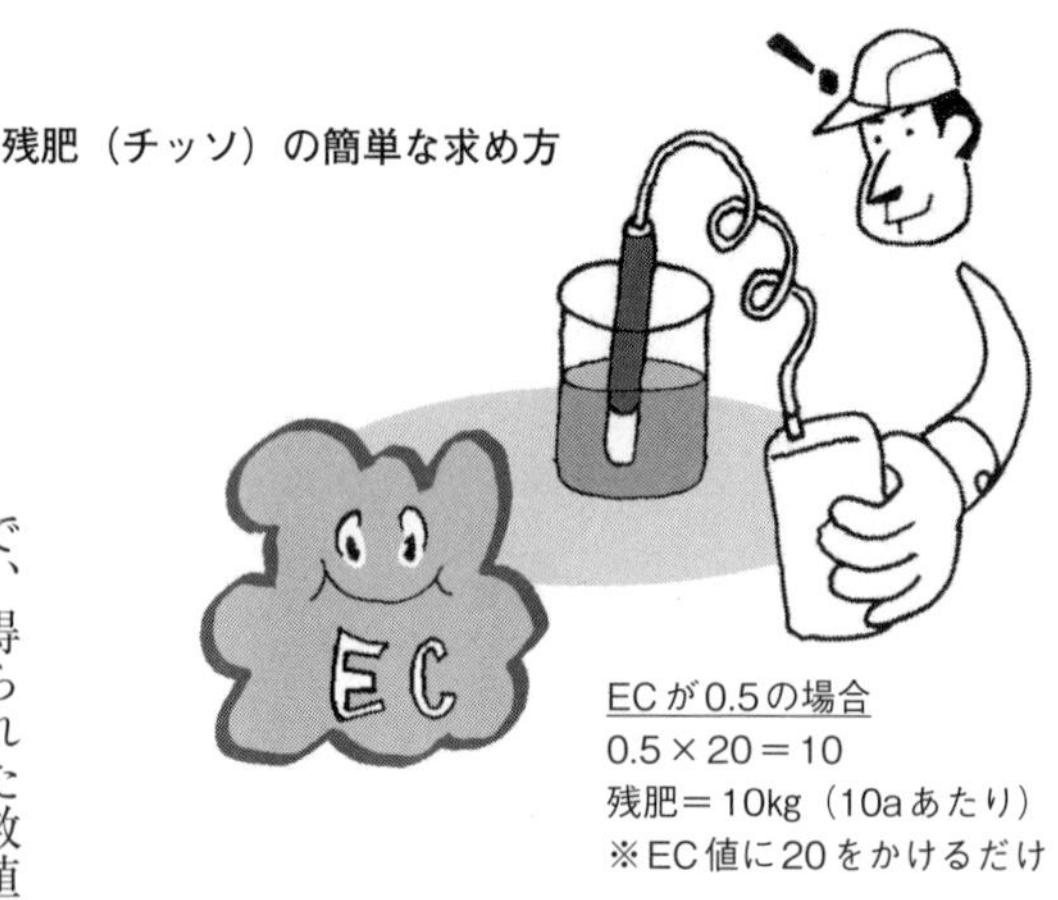

診断を依頼し、その結果をもとに次作の施肥設計を組む。しかし、分析を依頼して、結果が届くまでには日数を要する。仮に一カ月もかかると太陽熱処理を早く始められない。もし可能なら、栽培を終える一五～二〇日前に採土して分析を依頼してはどうだろうか。その頃の土壌中の養分状態は、栽培終了時とほとんど変わらない。また、採土時に数株の根を傷めても全体の収量には響かない時期である。

その時期の依頼がむずかしい場合は、自分で土壌のECを測り、その値から残肥の状態を把握するやり方を勧めたい。ECの値（土一：水五）に二〇をかけてkgをつけた数値が一〇aの硝酸態チッソの残肥とみるのである。

例えばEC値が〇・五なら硝酸態チッソの残肥は一〇kgとなる。土質によって数値は多少ブレるが、どんな土質でもほぼ実用的な範囲に収まる。また、栽培後期のチッソはほとんどが硝酸態になっているので、得られた数値は無機態チッソの全量とみてよい。チッソを元肥二〇kgで栽培する品目で残肥が一〇kgの場合、施用するチッソは一〇kgである。

リン酸とカリはチッソの残肥割合から推測する。施用したチッソの三割が残肥なら、リン酸とカリも施用した量の三割が残っているものとして計算する。最初から吸収比に添った施肥をしておくことが、このやり方をに正当性を与える。

石灰や堆肥などの土づくり肥料は、通年の定量施用でいいだろう。年一回の施用にすれば、毎年慣行の量を施用しても、土づくり肥料に由来する養分集積はおこらない。

●コラム● ECは体感できない

栽培環境には、管理者も野菜と一緒に体感できる要因と体感できない要因がある。どちらの要因も数値化され、管理に活かされている。温度、湿度、日射、風などの体感できる要因は、数値との合致感から、野菜が感じているであろう状況を想像しやすい。

一方、炭酸ガス濃度やECなどの体感できない要因は、数値だけから野菜がおかれている状況を推し量ることになる。数値だけといっても、何ら不都合はなく、物差しとして十分役立っている。ただし、土のECはほかの要因の値とは異なり「生」の状況を表わしたものではない。例えば、EC一・〇といっても、それは根が接している肥料濃度ではない。五分の一に薄められた肥料濃度である。

我々が通常目にする土壌のEC値は最高で二・〇ぐらいであるが、根はそれよりはるかに高いECの土壌溶液に接している。

追肥する野菜、しない野菜

連続どり果菜は肥料のもち出しが多い

野菜は収穫の仕方から二つのグループに分かれる。収穫が長期にわたる連続どりのグループと、一度に収穫を終える、いわゆる一回どりのグループである。両者は施肥の仕方が異なる。果菜で説明する。

連続どり果菜は、トマト、キュウリ、ピーマンなどである。これらの果菜は、収穫によって間断なく肥料を圃場外にもち出す。収穫期間の長い作型は一〇カ月に及び、その間一〇aあたり一五～三〇tの果実を収穫することを思うと、もち出す肥料の量の多さがわかるだろう。また、草勢を保つためにつねに若い葉への更新を必要とし、そのための摘葉でももち出す。

長期間、コンスタントに収穫を続けるためには、土壌中の肥料の状態を栽培開始時の最適状態に保たなければならない。そのためには、圃場外にもち出したぶんを追肥で補充する必要がある。高価な機能性肥料などを使えば栽培全期間の必要量を元肥で施すことは可能だが、一般の銘柄は、必要量を元肥で一度に施すと根が濃度障害をおこすので、どうしても追肥が必要になる。そして調子よく実がとれるほど、もち出しが多いので追肥重点の施肥になる。

一回どり果菜は肥料のもち出しが少ない

一回どり果菜はメロン、スイカ、カボチャなどである。これらの果菜は、栽培初期に整枝と摘果をするが、摘除する枝も摘果する実も小さいので、それによってもち出す肥料は無視してよい。また、葉はいつまでも元気である必要はなく、株が圃場に存在する八〇～九〇日間保てばよいので、葉を更新する必要がなく、摘葉によるもち出しもない。

また、一〇aあたりの収量は三～七tであり、この収量に見合う施肥量なら、元肥で一度にやっても根が濃度障害を受けることはない。そのため後述する特別なケースを除き、追肥の必要はない。葉はいつまでも元気である必要はないと述べたが、むしろ、果実肥大の負担を受けてゆるやかに衰弱するほうが果実は高品質になる。衰弱は多肥の状態では進まないので、その面からも追肥の必要性は低い。

メロンは追肥することも

一回どり果菜の世界、とりわけメロンの世界には、株が衰弱しきる直前に収穫期をもってきて、一ランク上の良品を生産する名人もいる。

このワザは施肥量をぎりぎりまで少なくすることで成り立っている。もちろん、収穫期に達する前に瀕死状態になるリスクを抱えており、誰にでも勧められるワザではない。実際、あまり衰弱させない状態で安定生産を志向する生産者のほうが圧倒的に多く、リスク回避を確実にするために、少量の追肥をすることもある。その場合でも、追肥の時期は実がつく頃（収穫前五〇～五五日前）には終え、葉が青々とした状態で収穫期を迎えることは避ける。

肥料養分は事前に
吸収させておいてもいい

吸収した養分は必要な部位に後で回される

連続どり果菜と一回どり果菜の施肥法を前に述べた。今回も同じテーマを別の角度から述べる。

養分吸収量と果実収量は不可分の関係にあり、一tの収量を上げるのに必要なチッソの吸収量を示せるほど密接である。

この必要な吸収量は、体内での需要に合わせながら段階的に増やして到達させる必要はない。その時点では不必要な量であっても、後日の需要に備えてあらかじめ吸収させておいてもよい。例えば、栽培全期間に必要な量を苗づくりのときに吸収させることが可能なら、本圃では元肥も追肥もいらない。

しかし、現実的には苗は元肥や追肥を省けるほどの量は吸収できない。その理由はいくつかあるが、もっとも大きな理由は、株の大きさが養分を蓄える容器として小さすぎるという、きわめて単純なことであり、決して複雑な生理的理由からではない。

吸収した養分は減ることとなく、そのときは必要としていなくても、必要になったときに必要な部位に回される。このことは施肥技術の幅として非常に有益な性質である。

N欠乏とMg欠乏は体内移動のサイン

必要な養分を前もって吸収させておくというやり方は、一見むずかしそうである。しかし、元肥だけで栽培する多くの一回どり野菜は、実はそういうやり方になっている。

N欠乏とMg欠乏は体内移動のサイン

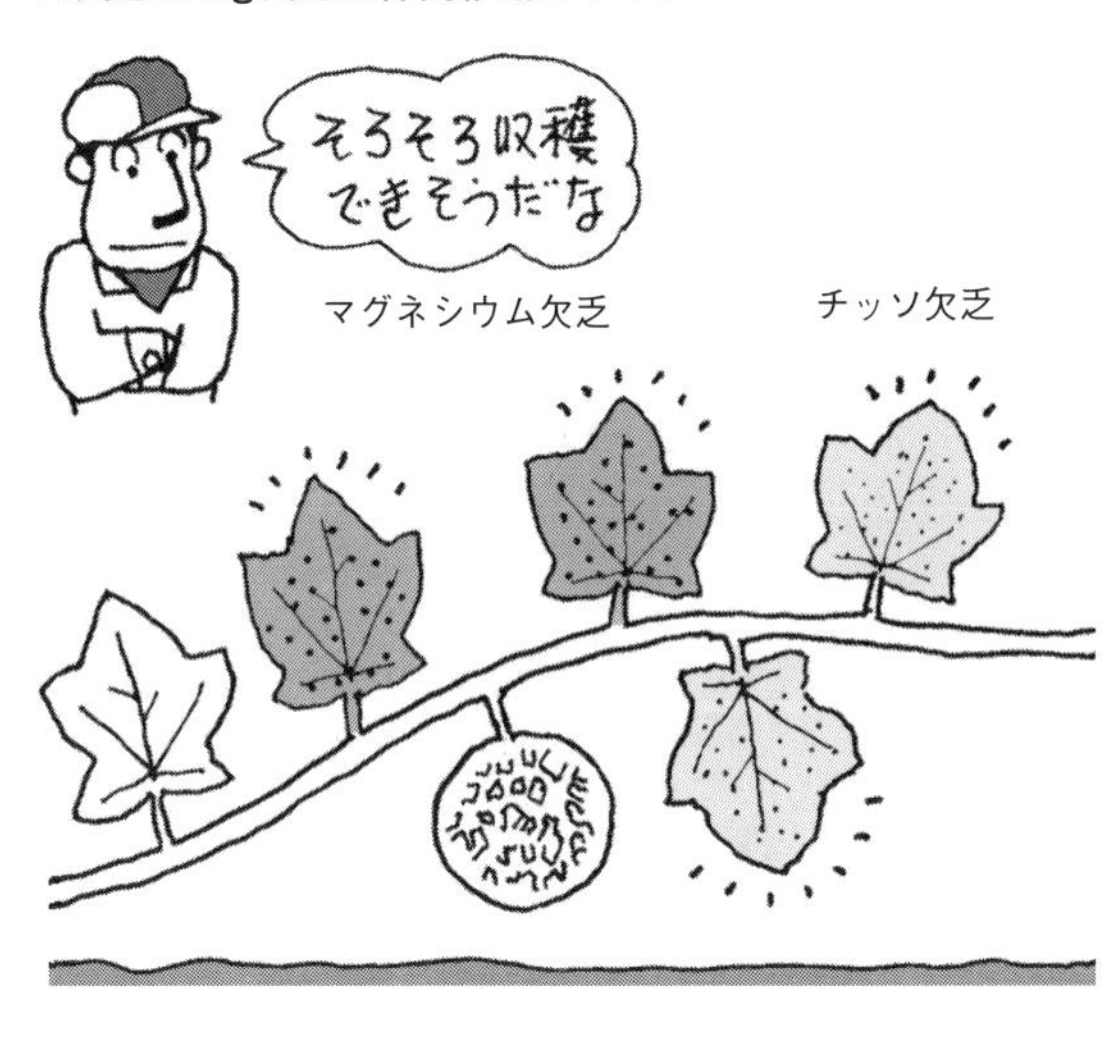

メロンとスイカを例にすると、収穫の一〇日くらい前には養分の吸収はほぼ終わり、その後は、それまでに吸収したものを体内でやりくりする。

養分の吸収が終わった後も旺盛な養分の需要が続くのは果実である。肥大がまだ続いているし、内部充実もこれからが詰めの段階である。それに必要な養分は、役割の最盛期を終えた葉と茎から回されてくる。この動きはチッソ（以下、N）とマグネシウム（以下、Mg）が可視的である。

Nが果実に回される結果、全体の葉色が次第に抜ける。また、果実近くの葉はMg欠乏の症状を呈する。Mg欠乏の症状は、すでに葉緑素の構成材となっていたMgが移動したことを表わしており、需要部位（シンク）の要求の強さと、それに応える体内（ソース）の切迫さの表われである。この切迫さの延長上に各種の生理障害があるのだが、それはともかく、ここで知っておきたいのは、移動が容易な水溶性の形態で存在するものだけでなく、一度組織に取り込まれたものでさえ需要部位の要求に応じて移動できるということである。

追肥は早すぎるタイミングで

ともかくも一回どり果菜は「養分は必要とする時期より前に

スイカのMg欠乏は果実のそばの葉だけに出る

吸収させておいてもかまわない」ということを、意識するかしないかにかかわらず、そのことを行なっている。
一方、連続どり果菜は「養分は必要とする時期よりも前に吸収させておいてかまわない」ということを、強く意識しなければならない。
施肥でもっとも避けたいのは施用時期の遅れである。元肥が遅れることはないので、追肥の遅れである。連続どり果菜は追肥重点の施肥をする。そのため、追肥が遅れないようにつねに注意しておく必要がある。遅れないためには、少し早すぎるかもしれないというタイミングで施用するのがもっとも確実である。吸収が少し早すぎても、需要部位が必要になったときに、そこに移動して使われる。
早め早めの追肥をすると、条件によっては吸い残しの肥料が土壌中に残り、土壌環境の面からも生産費の面からも問題ではないかという心配があるかもしれない。しかし、もし残ったとしても、次作の元肥はそのぶんを差し引いた量にする（130ページ）ことで、問題は解消する。

元肥は
ハウス（圃場）全面にまく

生育が揃わないのは元肥が原因

ハウスの端のほうのウネの生育が、中央部のウネより悪いことがある。これは、端のウネは冷気にあたりやすいなどの気象的な原因もあるが、多くは、土中の肥料が少ないことが原因である。その原因をつくるのは、元肥の散布の仕方である。

元肥の施用法の主流は全面全層施肥である。この施肥法で元肥をどのウネにも均等に混ざるようにするには、ウネをつくる場所に関係なくハウス全面に散布する必要がある。しかし、ともするとウネをつくる領域だけの散布になる。そういう散布をすると、両端のウネは肥料の混じっていない土を片方から盛り上げることになり、肥料の混じった土を両方から盛り上げる中央部のウネに比べ、明らかに肥料が少なくなる。

ハウスの周辺部への肥料散布が少なくなるのは、ウネをつくる場所を意識することのほかに、耕耘できない場所への散布はもったいないという意識も働いている。この場合は、ハウス周辺部のきわめて狭い場所に元肥をやらないだけなので、ウネに盛り上げる土は等しく肥料が混ざり、生育ムラはおこらない。しかし、作業性からみると、限られた狭い場所に散布しないようにするのは、かえって面倒であり、できれば全面に散布したいところである。

土に混ぜなくても肥料は効く

さて、散布した元肥は必ず耕耘して土と混ぜる必要があるのだろうか。

土づくり肥料の堆肥や石灰質肥料は、土の物理性やpHの改善がおもな目的なので、できるだけ多くの土と接触させることが大切であり、耕耘して混ぜ込むことが必要である。一方、同時に散布する三要素系の粒状肥料は、混ぜ込まれないものもちゃんと利用される。粒状の三要素系肥料は定植後の追肥にも使う。追肥では耕耘して土に混ぜ込むことができないので、土の表面に散布するが、溶出を促す降雨のないハウスでもよく効く。その理由は、追肥を必要とする栽培中盤以降、根はハウス全面の浅い層にも広く分布するため、肥料の粒が吸湿して養分がわずかでも溶け出せば、深くしみ込まなくても吸収されるからである。

このことは、土が踏み固められる通路や出入り口付近でも同様である。踏み固められた土は、つねに適度の湿気をもつので根の寿命が長く、浅い層に白くみずみずしい根を多く張らせるため、むしろウネ面の追肥よりも肥効が高い。だから、耕耘して土と混ぜないからといって、三要素系肥料がムダになることはない。

全面に根が張るから肥料も全面に

ウネをつくらない栽培が増えていることからもわかるように、ウネが必要なのは、排水の悪い圃場は別として、おもに定植後の管理作業のしやすさからであって、生育の良し悪しとの関係は薄い。したがって、元肥を散布する場所とウネは切り離して考えるほうがよい。施肥する場所は根の及ぶ範囲である。つまり圃場全面である。

そのため、ふった肥料がサイドフィルムの下のほうにあたってパラパラと音を立てるのが、ハウスの元肥散布の情景としてふさわしい。音を立てる場所にまかれた土づくり肥料は、利用されずじまいになるが、それぐらいは目をつぶりたい。

元肥散布の仕方とウネ内の肥料位置

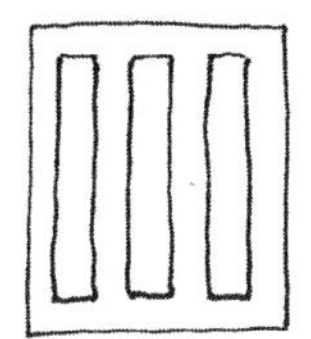

最終的なウネの配置

全面施用

A

散布作業 ◎

端に土と混ざらない肥料が
少し残るが散布はラク

ウネをつくる範囲の施用

B

散布作業 ○

両端のウネの片側には元肥の
混ざらない土が盛り上げられる

耕耘する範囲の施用

C

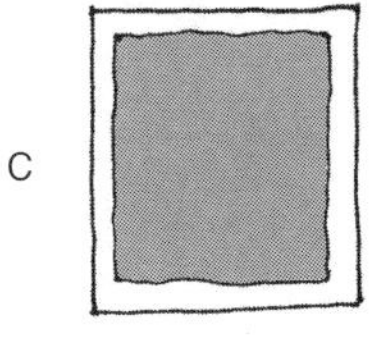

散布作業 △

ムダなく肥料を入れられるが、
散布が大変

野菜の最適な施肥量を知る

「植物」「作物」どちらで捉える？

野菜には最適な施肥量がある。しかし、野菜を植物として捉えるか、農作物として捉えるかで適量は変わる。植物としての適量は、茎葉がもっとも大きくなる量である。

葉菜と根菜は、植物としての適量と農作物としての適量が同じ品目と、農作物としての適量のほうが少ない品目がある。これらの施肥量の場合、押さえどころと呼べるほどの技術的ポイントはない。一方、果菜はすべての品目が植物としての適量では栽培しない。植物としての適量では茎葉が茂りすぎ、着果がうまくいかなかったり、収量が上がらなかったり、品質が低下したりするからである。

この状況を一番把握しやすいのは、唐突だがイネである。植物としての最適量を施用すると、ワラばかり大きくなり、モミ数が減って収量が少なくなる。食味も劣るようだ。しかも、ちょっとした風雨で倒伏する。

少肥がいい品目と多肥がいい品目

果菜には、植物としての最適量で栽培する品目はない。植物としての最適量より少ないか多いかのどちらかで栽培する。少ない側で能力を発揮する品目はトマト、スイカ、メロンである（イネもこちらに入る）。これらは少ない側で栽培することにより、茎葉がコンパクトになり、草姿が充実して見た目も美しくなる。また、果実は外観にすぐれ、甘くなる。

一方、多い量が向く代表的な品目は、キュウリとピーマン類である。どちらかというと

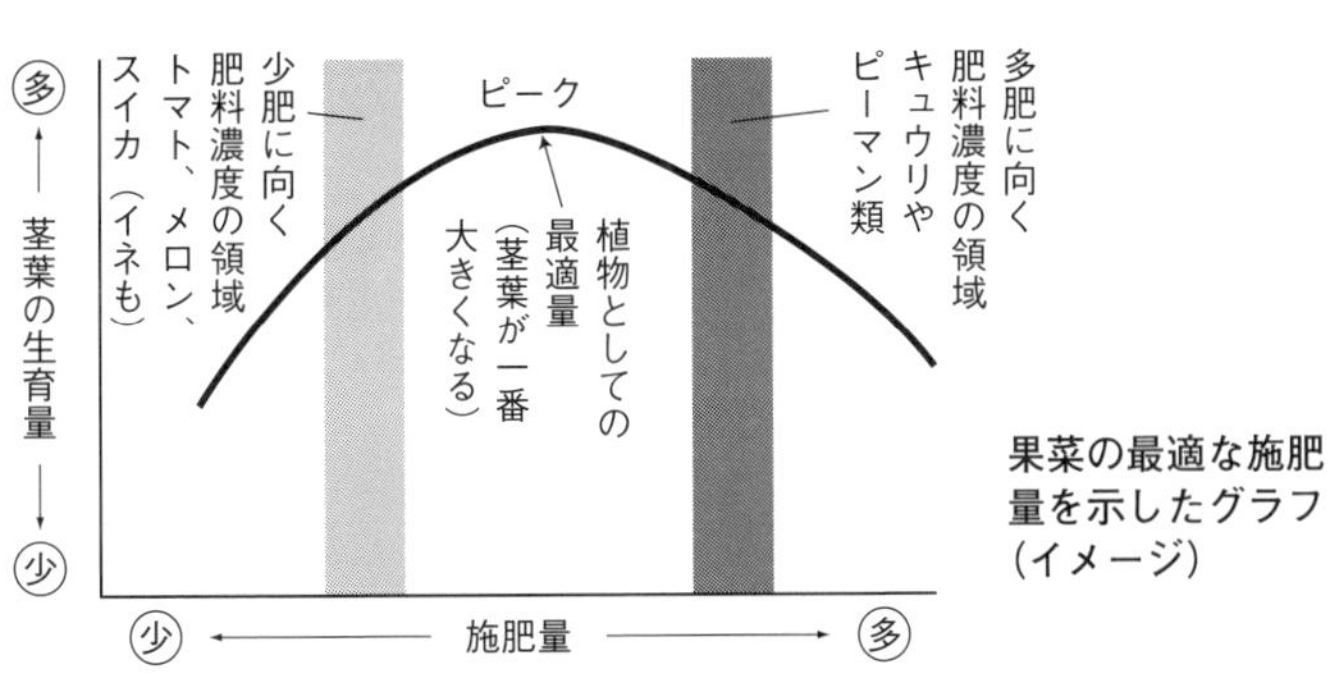

果菜の最適な施肥量を示したグラフ（イメージ）

果菜は品目によって植物としての最適量と栽培作物としての最適量が違う

ナスもこちら側に入る。キュウリとピーマン類の草姿は、少肥でコンパクトにするよりも、多肥でコンパクトにしたほうが見映えがよい（高ECにして吸水制限するイメージ）。また、果実も肥料が効いていないと、色の濃い高品質のものがとれない。

キュウリとピーマン類は未熟果を頻繁に収穫する。なかでもキュウリは毎日収穫どころか、最盛期は朝夕の収穫が必要となる。つまり、収穫によって圃場の肥料が頻繁に圃場外にもち去られる。それだけ肥料切れの心配がつきまとう。そのためにも土壌中の肥料濃度が高い領域で栽培するほうがよい。

キュウリを多肥で安定多収するワザ

多い量で栽培する品目の施肥イメージと、見誤ってはならない追肥のタイミングを、キュウリを例に述べる。

キュウリの植物としてのチッソの最適量は一〇aあたり一八kg付近で、この量でもっとも大柄な茎葉になる。一方、栽培の最適量は二五kg付近であり、この量を元肥として施用し、この状態を維持するように追肥していくのが上手な施肥である。

キュウリは、収穫が始まってしばらくした頃にツルの伸びが加速し、果実も驚くほどとれる時期がくる。これは、元肥の吸収が進んで土壌中の肥料濃度が薄まり、植物としての最適量に近づくからである。吸水制限が緩和され、茎葉も大きく育ち、果実も一時的によくとれる。しかし、キュウリは生育をやや抑えてダラダラとらないと長期収穫は望めない。だから、驚くほどとれたときは、すぐに追肥して栽培作物の最適量に引き戻さなければならない。

ところが生育のよさと着果の多さに満足し、往々にして静観してしまう。やがてツルの伸びが減速し、着果数も減って、おかしいと気づいたときには、土壌中の肥料濃度は植物としての最適量よりもさらに少ない領域に移動している。あわてて追肥しても、いったん生育のリズムを失った株はもとには戻らない。この現象はキュウリほど迅速ではないがピーマン類でもおこる。

キュウリとピーマン類の追肥の適期は、ツルや枝の伸びがよくなって大柄になろうとするときである。つまり調子がよくなったときである。ここを間違うと、多肥で茎葉をコンパクトにする品目は上手につくれない。

肥料は量だけでなく濃度も大事

肥料が濃いと吸収量が増す

土中の肥料の状態は「濃度」と「量」の両面からみる必要がある。濃度と量は、同じ状況を違う角度から表わしたものなので、切り離して論じることはできないが、ここでは便宜的に別物として考えたい。

濃度は養液栽培では日常的な関心事であるが、一般の土での栽培では量のほうが重視され、栽培指針には施肥量は示されても濃度まで示されることはない。しかし、養分吸収に直接影響するのは濃度である。根にとっては、これから伸びていく先にどれほどの量の肥料が存在するかより、今、接している肥料の濃度が重要である。

濃度は、障害をおこさない範囲なら高いほうが吸収量は多い。例えば土が一〇ℓ詰まった鉢に、それぞれ一gのチッソを施肥して栽培した場合、施肥量は同じでも濃度の高い一〇ℓ鉢のほうが吸収量は多い。吸収量の多さは、吸収の早さといい換えてもよい。吸収が早い結果、吸収量が多くなる。

一定の収量を上げるには、一定の量の養分を吸収させなければならない。当然、期限を伴うため早さも必要である。だから、施肥は量とともに濃度のことも忘

肥料の濃度と吸収量

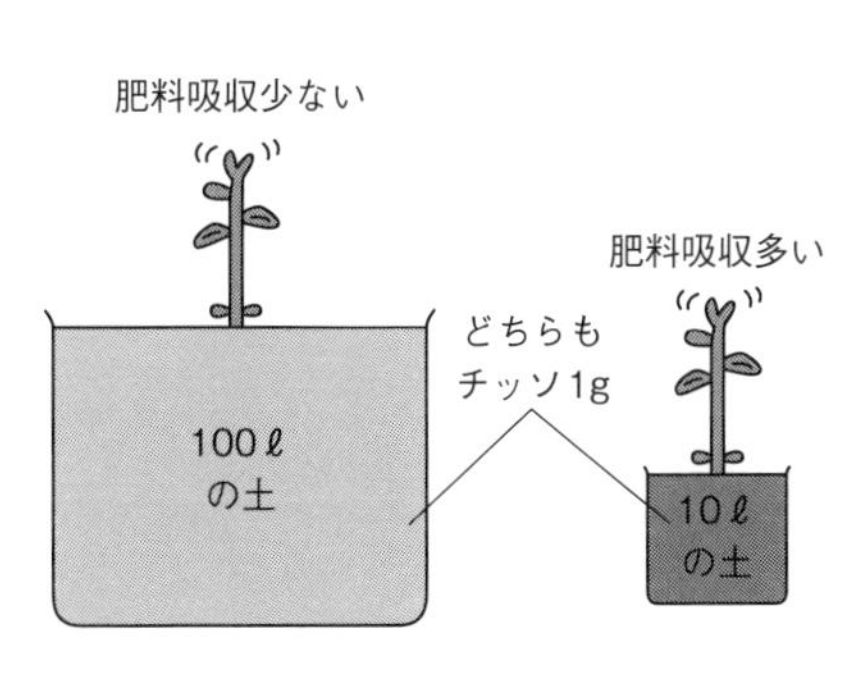

れてはならない。

局所施肥で得、深耕で損!?

濃度の大切さを示す例を二つ述べる。まず、濃度が高くなって得する事例である。局所施肥のことである。局所施肥は、元肥を圃場全面に施用する一般的方法に対し、ウネの部分だけに施用して肥料を節約する技術である。

ウネと通路の面積が同じと仮定し、施肥量を二分の一にした場合、ウネ部分の肥料濃度は全面施肥と同じなので、当初の生育に差はない。しかし、作物が生育して根が広がるにつれ、肥料切れの状態になってしまい、結局は肥料節約の効果は得られない。

これに対し、施肥量を三分の二にすると、全面施用に比べてウネ内は約三〇％濃い状態になる。その結果、栽培初期の養分吸収量が全面施用よりも多く、栽培後半に根が肥料のない場所に広がっても、株は肥料切れの状態にはならない。栽培初期の吸収量の多さが、後半の吸収量の低下を補い、最終的に全面施肥と同じ養分吸収量になる。収量も同じになる。その結果、肥料を三分の一節約することができる。

局所施肥は134ページで述べた事前吸収の効果を実感しやすい施肥法でもある。

もう一つは、あらかじめ濃度の低下を見越して、増施しなければならない事例である。深耕した圃場は、深耕する前と同じ量の元肥で栽培すると、肥料切れをおこす。深さ一〇cmで耕していたものを二〇cmにすると、肥料濃度は二分の一に薄まるからである。実際には、深耕で新たに施肥領域に加わる下層土は上層よりも痩せていることが多く、計算以上に薄まることが多い。深耕した後の第一作は、それまでより増施することが必要である。

元肥型は濃いときに後々のぶんも吸う

さて、野菜には元肥だけで栽培する品目と、追肥もする品目がある。果菜では、メロンやスイカが前者に該当し、トマトやキュウリやイチゴが後者に該当する。この施肥法の違いに、濃度はどうかかわるだろうか。

元肥だけの栽培では、肥料吸収が多いのは濃度の高い栽培初期から中期であり、終盤は濃度が下がることに加え、根も疲れるので、わずかしか吸収しない。しかし株内では終盤にも果実の肥料要求が続く。そのため初期から中期に吸収していた肥料が、葉や茎から果実に回されて栽培を完結する。

元肥だけの栽培は、濃度の推移は成り行きということになり、施用後に肥料のことに思いをはせる必要はない。しかし、栽培初期から中期に吸収した肥料が、栽培終盤に必要となるぶんをまかなうということを、濃い濃度の恩恵として知っておきたい。

一方、追肥をする野菜は、栽培期間の長い品目が多く、施肥の主体は追肥である。こういう施肥では、追肥の目的を量的補充という面だけでなく、濃度の維持ということを意識すると、追肥のやり方がいっそう上達する。

●コラム●

土に肥料を「まぶす」感覚

土壌中の肥料濃度を意識するには、圃場の面積だけでなく、体積のことも思い描く必要がある。施肥した肥料が行きわたる土の深さを一〇cmとすると、一〇aの土量は一〇〇t である（比重を一と仮定）。チッソを一〇kg施肥するということは、一〇〇tの土にチッソを一〇kgまぶすことである。「まぶす」という捉え方をすると、濃度をイメージしやすくなるのではないか。

葉面散布には潮解性の肥料を使うべし

葉面散布に向くチッソとカルシウムは？

疲れた株の草勢を回復させるためには、チッソを吸収させる必要がある。しかし、疲れた株は吸肥力も弱くなっているので、なかなか根から吸収してくれない。そんなときは直接葉面に施肥して、吸収させる方法をとる。

葉面施肥にはカルシウム（以下、Ca）もよく使われるが、こちらは草勢回復が目的ではなく、Ca欠乏で生じる障害を防ぐのが目的である。トマトの尻腐れ果対策が代表的処方である。

この場合、トマトの株内のCaが不足しているのではなく、急速に生長する果実先端へのCaの移動が間に合わないため、直接その部位に供給するのである。正しくは果面施肥であるが、散布時に一番多く付着するのは葉なので、葉面施肥といっていいだろう。Ca欠乏症については、次項でも違う視点から取り上げる。

葉面施肥は微量要素でも行なわれる。微量要素の葉面施肥に使う肥料の種類は少なく、例えばホウ素の給源ならホウ酸を使うように、ほぼ決まっている。一方、チッソ（以下、N）とCaは肥料の種類が多く、そのなかから葉面施肥に向く肥料を選ぶことになる。NとCaは微量要素と異なり、株内の需要量が多いため、葉面施肥に使う肥料は、組織内に取り込まれやすい性質をもっていることが何よりも大事な条件になる。

「にじみ込み」やすいのは尿素と塩化カルシウム

葉面での肥料の組織内への取り込まれ方は「にじみ込み」である。「浸潤（しんじゅん）」といってもいいかもしれない。要は、乾いてカパカパになったら取り込まれない。そのため、乾かない肥料を使う必要がある。乾かない肥料とは潮解性（ちょうかいせい）（空気中の水蒸気を取り込んで自発的に水溶液となる現象のこと）をもった肥料である。Nは尿素、Caは塩化カルシウムがそれに該当する。肥料ではないが食塩も潮解性を有する化合物である。

尿素（上）と塩化カルシウム（下）（依田賢吾撮影）

尿素は人体用の多くの保湿剤に使用されているし、塩化カルシウムは道路工事の現場で土ぼこりが立たないように地面にまかれる。どちらも、潮解性の利用である。

葉面に付着した尿素と塩化カルシウムは、降雨で流されなければ、数日で九割以上が組織内に取り込まれる。利用率だけに限れば、土壌への施肥よりもすぐれる。

一方、微量要素の葉面施肥に使用する肥料のほとんどは潮解性をもたない。そのため、取り込まれるのは散布後乾くまでの間、あるいは葉面に付着した肥料が夜間の高湿度により湿り気を帯びたときに限られる。当然、取り込まれる量は少ない。それでも、微量要素の必要量はわずかなので葉面施肥は十分に用をなす。

尿素はすぐれた肥料

なお、尿素は潮解性以外にもすぐれた性質をもっている。それを述べておきたい。

葉面施肥は追肥である。そして、土に施用する追肥よりも肥効の現われるのは早い。しかし、散布量や散布濃度に制限があるので、土に施用するほど多くの量を与えることはできない。そのため土に行なう追肥の補完的措置とする位置づけである。石灰や微量要素の位置づけはそれでよい。しかし尿素は、約五〇％のNを含有するので、土に行なう追肥に匹敵する量のNを葉面に施肥することができる。補完ではなく、本格的な追肥と認識したほうがよい。

また、尿素は化学反応性に乏しく、ほとんどの化学農薬との混用が可能である。農薬散布のときに混ぜて定期的に使用すれば、追肥の省力化とともに、継続的な草勢維持に役立つ。尿素を農薬と混ぜるときは、農薬よりも先に尿素を溶かす。先に農薬を溶かすと水に色がつくので尿素が溶けたかどうか見えないからである。

尿素はきわめて安価な肥料であることも、ありがたい。

Mg欠乏症とCa欠乏症はメカニズムが逆（1）
――Mg欠乏症とは

多量要素欠乏の代表がMg・Ca欠乏

野菜がおこす要素欠乏症のうち、微量要素の欠乏症は、きわめて微量でもありさえすれば足りるので、その養分を葉面散布などで株内に供給することは、それほどむずかしいことではない。

これに対し、多量要素の欠乏は、その養分だけをみていたのでは対策がむずかしい。不足しないように元肥で施用しておくことはいうまでもないが、茎葉に対する果実の大きさの割合（シンクとソースの力関係）、ほかの肥料養分の存在、土壌水分の多少など複数の要因を見据えて対策を立てる必要がある。

多量要素欠乏の代表的なものといえば、マグネシウム（以下、Mg）欠乏症とカルシウム（Ca）欠乏症である。代表的ではあるが、この二つの欠乏症はほぼ逆のメカニズムで発症する。そこを理解してかからないと対策を誤ってしまう。

果実が葉からMgを奪う

Mg欠乏症はメロンやスイカなど、熟した果実を収穫する果菜でよく見られ、熟期の後半に果実がMgを取り込むため、果実近くの葉の色抜けとして現われる。

果実が必要とするMgを根が土中から吸って供給するなら、葉に欠乏症はおこらない。しかし、果実の肥大に伴って需要量が急に増えるため、根からの供給では間に合わず（熟期の後半に土中に残っている養分はわずかでもあり、根の吸肥力も弱まっている）、身近な

マグネシウム（Mg）欠乏の症状が出たメロンの葉（清水武撮影）

葉のMgを果実に回すために発症する。

後述するCa欠乏症が需要部位に発症するのに対し、Mg欠乏症は需要部位には発症せず、需要部位周辺に現われる。Mgが移動しやすい養分であるがゆえの症状といえる。

Mg欠乏症は果実の肥大に伴う現象なので、多くの葉に症状が広がって株が正常な生育ができないほど重症化しない限り、豊作の証でもある。

メロンは出るのにスイカは出ない!?

茎葉に対して果実の割合が大きくなるとMg欠乏症は激しく出る。果実の割合を「着果数」でみると、多着果で重度のMg欠乏症を引きおこすのは、主要果菜ではメロンだけである。

例えば、スイカは着果数に応じて一果重が減少する。一個着果させた場合に六kgの果実を成らせ得る株に、二個成らせると五割減の三kg、三個成らせると約七割減の二kgになる。つまり果数が増えても、株が受ける負担は変わらない。そのためスイカは着果数の増加が重度のMg欠乏をおこす心配は少ない。

一方、メロンは、着果数を増やしても一果重はあまり減少しない。一個を二個に増やしても一個の場合の約八割の果重を保ち、三個に増やしても約七割の果重を保つ。メロンの着果数の増加は、茎葉に対する果実の割合を確実に大きくする。

もっともアールス系のネットメロンは通常一株に一個の果実しか成らせないので、Mg欠乏症が重症化することはない。

重症のMg欠乏症をおこすおそれのあるのは、一株から数個の果実をとるメロン栽培である（這いづくりが多い）。メロンの果実同士の葉内のMgの奪い合いは印象以上に激しい。そのため、着果数は株に余力をもたせるぐらいの個数にとどめるのが安心である。

Nと水でも対処できる

Mg欠乏の対策は、適正な着果数にすることとは別に、茎葉の側からもアプローチできる。茎葉内のMgを増やすのである。増やすといっても微量要素ではないので、葉面散布で送り込む量では足りない。また、元肥にMgを多施用しても、茎葉内のMg含有率（濃度）はある一定の幅に収まるようになっているらしく、期待するほどには上昇しない。

そこで、Nと水を使う。Nをやや多めに施用するとともに、かん水量も増やして茎葉を大きくするのである。そうすると、茎葉内のMgの含有率はわずかに低下するが、茎葉が大きいので一株が備蓄するMgの含有量は多くなり、重度のMg欠乏症を回避できる。Mgの多施用よりもNと水のほうが効く。

Nと水で茎葉を大きくして養分の備蓄量を増やすやり方は、Mg以外の要素欠乏対策にもなる。ただし、Ca欠乏症だけはこのやり方は通用しない。逆効果になる。

Mg欠乏症とCa欠乏はメカニズムが逆(2)

——Ca欠乏症とは

Mg欠乏対策と同じだと失敗する

カルシウム(Ca)欠乏は、ほかの要素欠乏に比べて対策を立てにくい。その理由は三つある。

①Caは植物体内では導管内の水の流れに乗って移動するため、その流れの方向は、果実や生長点など「先」のほうへ行ったきりとなる。マグネシウム(Mg)のように師管を通って「元」のほうへ戻ってはこない、一方通行である。

②水の流れに乗るといっても、流れの速度に合わせて動くのではなく、非常にゆっくりと動く。つまり、移動しにくい養分である。

③Ca欠乏は、株全体のCaが不足しておこる障害ではなく、局所的な不在によっておこる。Ca欠乏は症状が現われる前なら、147頁で述べたように石灰肥料の葉面散布で防ぐことはできるので、まったくお手上げの障害ではない。だが、的外れな対策をしてかえって発症を助長することがある。欠乏の機作をMgと同じように考えて対処した場合などがそうである。

Mg欠乏の防ぎ方では役に立たないことを、トマトやピーマンの果実に発生するCa欠乏症、いわゆる尻腐れ果を例に述べる。

摘果は逆効果

Ca欠乏の場合、果実がCaを要求しても、Mg欠乏のように果実周辺の葉に影響が及ぶことはない。果実が必要とするCaは根から直線的に供給されなければならず、果実が葉から収

1～2番果の肥大が早くCaの補給が追いつかず発生した尻腐れ果（後藤敏美撮影）

奪しようにも、師管を通せないので収奪できないからである。Caは、潤沢な部位から「回してもらう」ことができない養分である。

そのためMg欠乏対策では有効な、果実同士の競合を軽減するための摘果は逆効果となる。なぜなら、果実は競合する相手が少ないほど早く肥大するからである。ピーマンの場合、適温期には花が咲いて二〇日ほどで収穫できる大きさになるが、競合する果実が少ないと一五日ほどでその大きさになる。肥大が早いため、果実先端へのCa供給が間に合わず、ますます欠乏症が発症する。同じことがトマトでもおこる。

トマトもピーマンもCa欠乏果の発生が多いのは、栽培初期の生育が旺盛なときである。この時期は果実の肥大も早いからである。またピーマンではとくに形のよい果実ほど発生しやすい。形のよい果実は肥大が早いからである。ただし、どちらも株の生育が落ち着いてくると、Ca欠乏は出なくなる。果実の肥大に日数がかかるようになるためである。

Nとかん水もちょっと危険

株内の保有量を多くするために茎葉を大きくするという、Mg欠乏対策では有効な手も危険である。株内に一定量以上のCaを保有することは欠乏症の激発を防ぐ基本条件だが、Nの施用量やかん水量を増やして短期間のうちに急生長させると、一時的だが、かえって発

これはホウレンソウ（加工用）のCa欠乏症

生を助長してしまう。生長した部位へのCa供給が間に合わなくなるからである。加えて、土壌中のNが増えると、そもそもCa吸収が阻害されてしまう。

Ca欠乏は、土壌が乾燥すると出やすくなるので、かん水は必要だが、水による急速な生長によって発症することもある。水をやらなくてもやっても出るという、この相反する性質がCa欠乏の厄介なところである。

スポット散布は塩化カルシウムで

冒頭に述べた葉面散布に有効な石灰肥料は塩化カルシウムである。茎葉や果実に付着させた場合、この肥料がもっとも組織内に吸収されやすい。

また、元肥でCaを土中に十分に入れておくことは対策のベースになるが、施用の副作用として土壌pHが上がりすぎると、ほかの要素欠乏を助長してしまう。そのため、石灰肥料の一部を、過リン酸石灰のようにpHを上げない性質のものにおき換えるとよい。過リン酸石灰が含む硫酸カルシウムは、石灰肥料のなかでは吸われやすい部類に入る。活用したい肥料である。

●コラム●

含有率と含有量

野菜が吸収している養分の状態を表わす場合、乾物あたり○%という具合に含有率が使われることが多い。

野菜の栄養状態を知るにはそれで十分であるが、養分欠乏症対策として養分の状態を推し量るには含有量も大切である。とくに、すでに吸収している養分が特定部位に移動することでおこる欠乏症は、株内にどれだけの「量」が存在しているかが重要である。含有率が高くても、株が小さかったら欠乏症の発生を止めることはできない。逆に、含有率は低くても、それをカバーする以上に株が大きかったら立派な対策になる。

含有量は含有率×株重なので、含有率を調べないことには算出できないが、体内養分の状態を察する勘をみがく場合、含有率の数値を見ることで終わらずに、ぜひ、含有量にも踏み込んでほしい。

ただし、Ca欠乏症だけは含有量を知っても何の対策も出てこない。

アミノ酸肥料は速効性か緩効性か

アミノ酸は有機質のチッソ肥料

チッソ肥料は、効き方の早さで、速効性と緩効性に分かれる。理化学的処理（樹脂コーティングなど）で肥効を調節する緩効性肥料もあるが、ここではそれにはふれない。大づかみにいえば、無機質肥料のチッソは速効性で、有機質肥料のチッソは緩効性とされる。野菜をはじめ植物はおもに無機態チッソを吸収するので、速効か緩効かは、施用した肥料が無機態チッソになるまでの期間による。

近年、「アミノ酸肥料」が肥料のカテゴリーとしての地位を築きつつある。アミノ酸肥料は有機質肥料なので緩効性のはずである。しかし、速効性といってもいい一面をもっている。それも、化学肥料以上の速効性としてである。

堆肥を含む一般の有機質肥料のほとんどが、アミノ酸肥料の性質を有しているが、アミノ酸肥料として販売されているものの多くは、土への一般的施用に加え、葉面施肥もできるという点で、一般の有機質肥料と区別できよう。

さらにいえば、土に施用したアミノ酸肥料は、微生物により無機化されるので、一定期間を経ればアミノ酸肥料ではなくなる。それに対し葉面施肥では、アミノ酸の状態でそのまま取り込まれるので無機化されることがない。その面からいうと、葉面施肥ができない商品を「アミノ酸肥料」と呼べるのかあやしい。

チッソが「効く」とは？

ところで、チッソ肥料が「効く」ということは、植物のどういう反応を指すのだろう。根から吸収したチッソが無機態の状態で存在する間は「効いた」とはいえないのではないだろうか。例えば野菜では、チッソの吸収量が増えすぎると、過繁茂とかツルぼけの症状を呈し、いわゆる障害の領域に入る。チッソの「効きすぎ」とも呼ばれたりするが、このときの植物体内のチッソ状態をていねいに表現すると、無機態チッソの過剰ということである。未同化チッソの過剰といい換えてもよい。

植物のチッソ吸収の最終目的がアミノ酸やタンパク質の合成であるなら、その時点に至って初めて「効いた」というべきであり、過繁茂やツルぼけは単に無機態チッソの過剰状態であり、「効きすぎ」という表現はあたらないのかもしれない。

葉面へは速効性、土へは緩効性

アミノ酸肥料の登場は、有機質肥料＝緩効性という構図を崩すことになっている。葉面から吸収させるのは速効性をねらっているからであり、しかも、同化したチッソのかたちで吸収させるのだから、化学肥料の葉面施肥並みの速効性ではなく、それ以上の速効性と解すべきであろう。

ただし、植物組織の取り込みやすさという点では、化学肥料のほうが上なので（例えば尿素）、両者の肥効の単純な比較はできない。しかし、取り込まれたアミノ酸が少量であっ

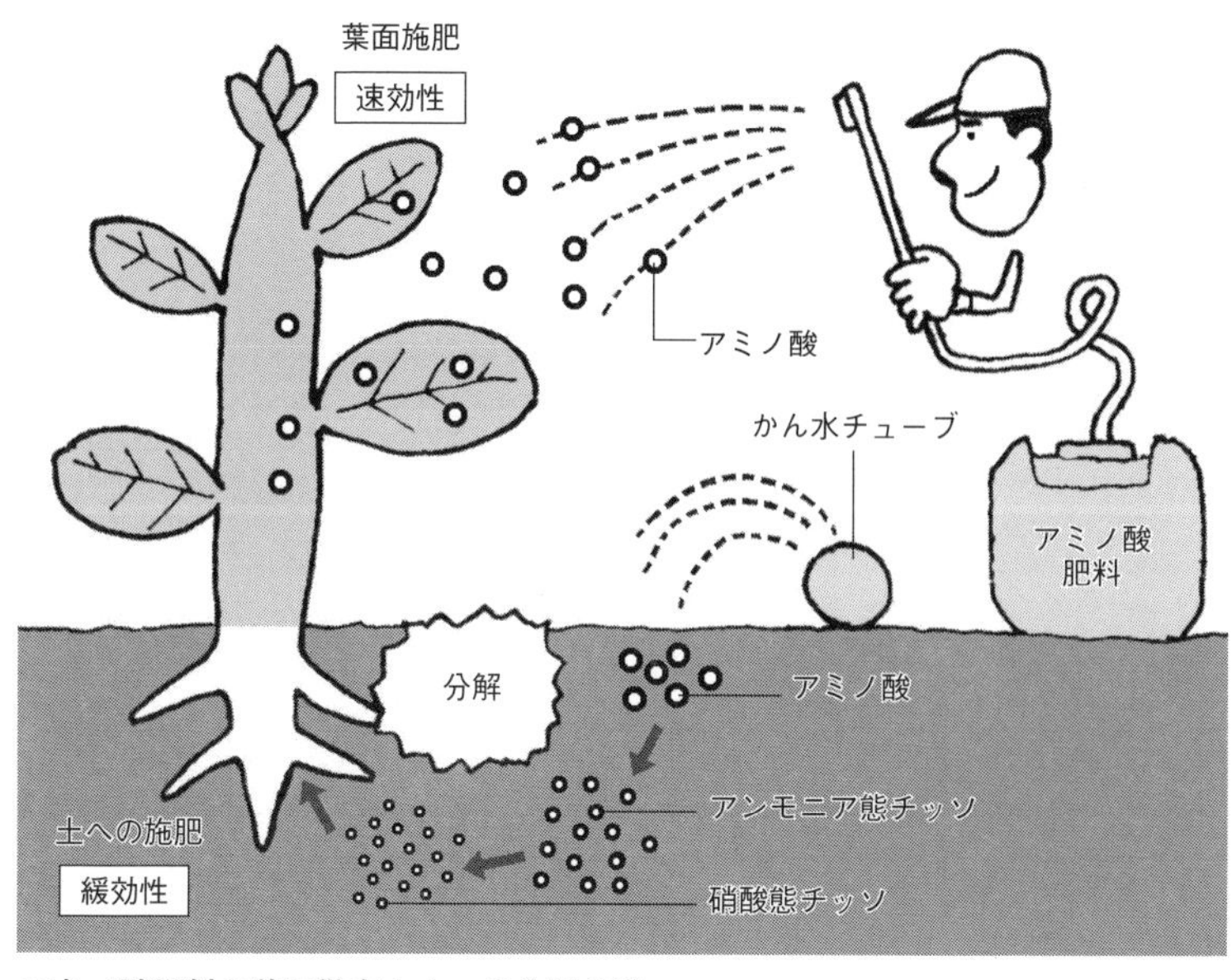

アミノ酸肥料の葉面散布と土への施肥の違い

たとしても、同化済みの「効いた形態」なのだから、化学肥料よりも速効的なはずである。

土にも葉面にも施肥できるアミノ酸肥料は、施肥する場所によって緩効性になり速効性にもなる。以下、すでに述べたことを含むが、整頓しておきたい。

まず、土に施用した場合は、一部はそのまま根に吸収されるけれども、多くは微生物による無機化の過程を経て利用される。この過程は、緩効性肥料としての性質である。

葉面施肥した場合は、無機化されないので吸収されるチッソはすべて同化済みのアミノ酸である。この性質は、化学肥料以上に速効的なチッソ肥料との位置づけになる。

土のなかを想像してかける
――水かけの話(1)
かけるタイミング

水かけにマニュアルはない

降雨のないハウスの野菜にとって水かけは、温度管理や施肥と並ぶ重要な管理である。それでいて、水かけほどあやふやな管理はなく、やり方は人それぞれである。

例えば、温度の管理にはちゃんとした基準があるし、施肥にしても、元肥と追肥の割合や、追肥の間隔などに個人差はあるものの、施す総量はほぼ決まっているので、技術の伝達がしやすい。

もちろん、根が自由に張ることができない根域制限栽培の水かけはマニュアル化されている。しかし一般の土耕栽培は、かけるタイミングにしろ、一回にかける量にしろ、人によって違う。水かけは見えない場所の管理であり、とくに耕土の中層から下層にかけては、水分の状態を把握しにくいので、マニュアル化がむずかしいのは当然なのかもしれない。

水かけは、大づかみに二つの側面から成り立っている。かけるタイミングと、一回にかける量である。まず、かけるタイミングを考えてみたい。

pFメーターの二つの限界

水かけのタイミングを知る方法としては、pFメーター等の機器を使って水かけが必要になったときを知る方法がもっとも実用的である。しかし、機器による水かけにも技術的な限界がある。その限界を知ったうえで使用することが大切である。以下、二つの限界を述べる。

その1 根圏全体は反映できない

一つ目の限界は、機器が示すシグナルは、根圏全体を反映したものではないということである。ふつう、ウネ面から五～二〇cmぐらいの場所に感体を埋め、そこの土壌水分の状態によって水かけをする。しかし、野菜の根圏は広い。例えばキュウリ（台木カボチャ）もトマトも、根は縦にも横にも一・五mぐらいまで分布する。つまり、根圏全体からすれば、きわめて限られた場所の数値をもとにしていることを知っておきたい。

その2 ねらい通りの水分状態は無理

そして、その狭い場所であっても、ねらい通りの水分状態にすることはできない。必ず、ねらった状態よりも湿る。どんな感体を使ってもそうなる。これが二つ目の限界である。

乾いた土に、pFメーターの感体部を任意の深さに設置し、そこをpF二・〇の湿りにするため、ウネ面に配置したかん水チューブで水をかけたとする。かけた水が感体部に届いてpF二・〇を指した時点で水が止まっても、pF二・〇を維持することはできず、それより数値は下がる（湿る）。止まった後も、感体より上の水が下りてくるからである。だから、機器を使っても、土壌水分を一定の湿りの範囲内に収めることはできない。つまり、これ以上は乾かさないという設定（いわゆる「かん水点」）はできるが、これ以上湿らせないという設定はできない。

かけた後の湿り具合は、いわゆる成り行きである。このことは、機器を使わずに視覚や触覚で土の表面の乾き具合を判断して水かけをする場合でも同じで、意のままになるのは、水かけのタイミングだけであり、やはりかけた後の湿り具合は成り行きである。

根圏全体を想像するシグナル

とはいっても、かん水のタイミングは、勘に頼るよりはpFメーターなどの機器を使って判断することを勧めたい。ただ、繰り返しになるが、機器の示す数値は根圏全体を表わすものではないので、あくまでも根圏を想像するためのシグナルとして、自分流の活用法を見いだすことが大切である。

次項も、引き続きハウス内の水かけの話である。

最初に下層まで湿らせる
――水かけの話（2）
かける量

下層の水を意識する

野菜が栽培全期間に吸った水の量は、水かけで与えた量よりも多い。この現象は、土壌深くのいわゆる「天然供給域」（以下、下層）に存在する水が引きおこしている。そして、その水のおかげで草勢が維持され、多収が可能になる。

しかし、地下六〇cmや七〇cmにある下層の水は、その状態を数値として把握することはほとんどない。一般的なpFメーター等の機器では計測できないからである。把握しないので制御することもない。しかし、そこの水の存在を意識することは重要である。

毎年、ビニールを張り替えていた時代は、ビニールを張っていない期間に、雨で下層に水が供給されていたが、耐久性にすぐれた被覆資材の登場で、雨に打たれる機会のないハウスが増えている。もちろん、そういうハウスでも周囲に降った雨水が、横方向の移動でハウス内の下層に浸透するが、直接雨に打たれる場合に比べると、量が明らかに少ない。

下層の水不足が問題！

下層の水が不足している場合の果菜は、次のような生育経過をたどる。

生育初期は、根は水かけの湿りが届く範囲にある。その時期は株が小さく蒸散量も少ないので、果菜からすれば、土壌水分が潤沢な状況におかれる。やがて潤沢さに合わせるように茎葉の草勢が増す。そうやって、土壌水分が潤沢に存在することを前提とした大きさの茎葉がつくられる。しかし、根が水かけの湿りが届かない下層に届くと、大きな茎葉の蒸散に見合う量の水を吸うことができず、急速に草勢が落ちる。果菜は一度草勢が落ちると、果実の負担を抱えているため、その後に下層に届くほどの多量の水かけをしてももとに戻すことはむずかしい。

定植するときには、すでに下層がしっかり湿った状態でなければならないのである。

定植前に五〇～六〇㎜の水をかける

下層をしっかり湿らせるには、ウネづくりとかん水チューブの設置を早めに行ない、定植前一五～一〇日の間に五〇～六〇㎜（一〇aあたり五〇～六〇t）の水をかけておくようにする。定植までにこれだけの日数があれば、水は下層に移動して、定植時にウネがベタつくことはない。また、定植直後の草姿づくりの妨げになるほどの水が上層に残ることもない。この水かけは、毎年ビニールを張り替えるハウスでも、空梅雨の年や夏季に降雨が少なかった年には行なったほうがよい。

栽培期間中の水かけは、定植直後の草姿づくりの期間だけは様子を見ながら少量やることになるが、その後は根圏の広さから考えると、一回の量が少なすぎないようにしなければならない。だいたい五㎜ぐらいを目安にする。そして、水かけの五回のうちの一回は、一〇㎜ぐらいのまとまった量をやって、表層と下層の水のつながりを保ち、そこを伝って根を下層に導く。

すなわち、まとまった量の水かけには二つの意味がある。一つは、果菜の反応を見て、日頃の水かけの量が不足していないかどうかを確認すること。まとまった量をやった後に生育のいい場合は、日頃のかん水量を少し増やす。もう一つは、表層と下層との水のつながりを保ち、そこを伝って多くの根が下層に入り込みやすくすることである。

●コラム●

かん水量の表わし方はミリ（㎜）で

「水かけ三年」という言葉があり、かん水はむずかしい技術のように思われているが、筆者はこの言葉の意味を、かん水するときには、あれこれ考えずにたっぷりかけるという単純なことに気づくのに三年かかる、というふうに勝手に解釈している。

水は「不足」「適量」「多い」の三つの状態のなかでは、不足がもっとも悪い。適量が一番いいがその量はつかみにくく、どうかすると不足側に寄る。そのため、三つの状態のなかでは、多くかけるのがもっとも無難である。かん水量をミリ（㎜）で表わすと、かけた水の量の少なさを実感でき、不足させることがなくなる。一〇a（一〇〇〇㎡）あたり一〇tの水かけと聞くといかにも多そうだが、一〇㎜と表現すれば、大した量でないことに気づく。一㎡に一ℓの水をやったときが一㎜である。かん水量はミリ（㎜）で表わすことを勧めたい。

「水慣れ」させて裂果を防ぐ

裂果は土壌水分がからむ問題

ミニトマト、メロン、スイカで問題になる裂果は、果皮の弾力以上に果肉が膨張することによっておこる。果肉の膨張は水の流入によっておこるので、土壌水分がからむ問題である。土壌水分は果実の肥大にも欠かせないので、裂果のほうばかりを見て制御するわけにはいかない。果実の肥大を促しつつ、裂果させない状態にもっていかなければならない。その場合、土壌水分をそのような状態にもっていくのではなく、果菜をそのような状態にもっていくほうが目的を達成しやすい。「水慣れ」とは、そういう果菜の状態を表わそうとした。むろん、農業にはそんな用語はない。筆者の造語である。

水に鈍感な状態にする

裂果は、現象としては水分過剰である。しかし、その原因は土の乾燥である。この不思議さは、以下に述べるように果菜の土壌水分に対する興味深い反応からくる。

裂果は、日頃あまり水をもらえない状態におかれた株が、急に多量の水をもらうと発生する。だから裂果をさせないもっとも確実な方法は、水をやらないことである。しかし、これでは収量が上がらない。水はやるけれども、過剰に吸わせないようにすることが必要になる。

その方法として、気象や生育ステージなどに合わせた水かけという構図が浮かぶ。しかし、そのやり方よりも、水を十分与えたうえで、株が急な吸水をしない状態に誘導したほ

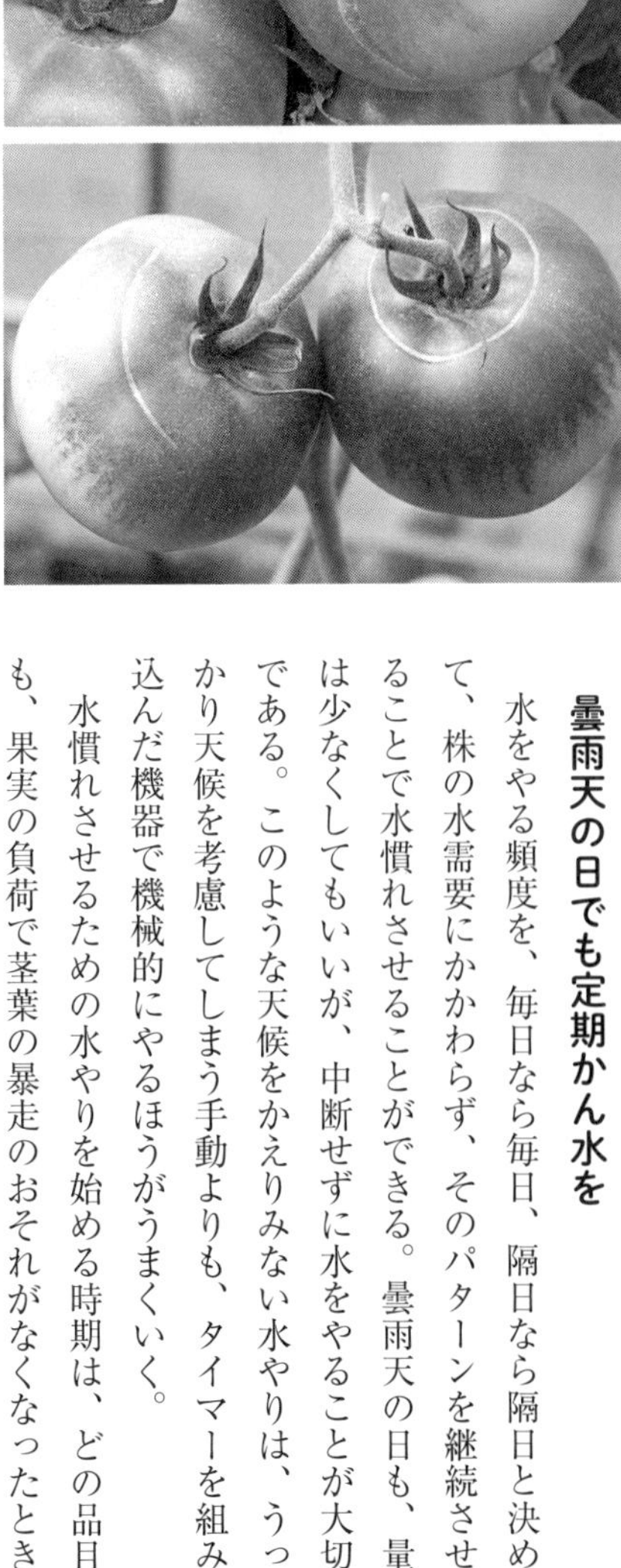

裂果の発生原因は土の乾燥。
上はトマトの放射状裂果、
下は同心円状裂果
（後藤敏美撮影）

うがよい。

果菜は土が湿った状態が続くと、日々の吸水量が均され、急激な増加をおこさないようになる。急な増加をおこす必要がなくなると、理解したほうが正しいかもしれない。水に鈍感なこの状態が「水慣れ」である。水慣れすると、果実はふつうに肥大するが裂果はおこらない。

反対に、裂果をおそれるあまり土を乾かすと、果実の肥大が不十分なまま水に敏感になる。敏感な状態で水をやると裂果が出る。だから、裂果の発生原因は土の乾燥である。

曇雨天の日でも定期かん水を

水をやる頻度を、毎日なら毎日、隔日なら隔日と決めて、株の水需要にかかわらず、そのパターンを継続させることで水慣れさせることができる。曇雨天の日も、量は少なくしてもいいが、中断せずに水をやることが大切である。このような天候をかえりみない水やりは、うっかり天候を考慮してしまう手動よりも、タイマーを組み込んだ機器で機械的にやるほうがうまくいく。

水慣れさせるための水やりを始める時期は、どの品目も、果実の負荷で茎葉の暴走のおそれがなくなったときである。ミニトマトは第一果房の実がエンドウマメ大、メロン、スイカはビワの実大が目安である。

なお、水慣れにより糖度が下がることはない。糖度が下がるほどの大量の水を吸うことがない状態が水慣れである。加えて、ミニトマトは、土壌水分の多少に関係なく甘い品種が登場しているし、メロンとスイカは果実が肥大しきる収穫前一〇日以降は水慣れを継続させる必要はないので、収穫までの一〇日間は水かけをやめ、糖度の上昇を確実にする機会もある。

管理の問題として原因を探る

裂果の原因を土の乾燥とする捉え方は、原因を取り除くことが対策だとする、単純だが鋭利な思考法から出ている。

そして農作物の各種障害は、その原因を管理のなかに求めないと対策は立たない。例えば、べと病の発生原因を、曇雨天が続いたからとか、隣の圃場に激発したからというふうに捉えると、これらの原因は除きようがないので対策が立たない。薬剤散布を怠ったからというふうに、管理の側から捉えると対策が立つ。

裂果の原因を、解剖学的な知見に求めるだけでは対策は立たない。土の乾燥を原因とすることで初めて対策が立つ。

鉢栽培の湿害はなぜおこる？

湿害のメカニズムは厄介

鉢での栽培は、地面に植える栽培と違って根の全体が同じ環境におかれ、いわゆる避難場所がないので、乾燥害も湿害もおこしやすい。乾燥害のメカニズムはわかりやすいが、湿害は少々厄介である。原因が水だけではないからである。

おもに鉢栽培を対象に述べるが、地面に植える栽培にもあてはまる。なお、水のかけすぎで茎葉が大きくなりすぎるのも、広い意味の湿害であろうが、ここでいう湿害は、根圏の酸素不足による「根腐れ」のことである。

水をやりすぎても湿害はおきない!?

さて、湿害を再現するのは簡単なように思えるが、実際にはちょっと難事である。まず、水のやりすぎだけでは湿害はおこらない。夏を越すイチゴの育苗では日に二回も三回も水をかけるのはザラであるが、湿害はおこらない。おこらないどころか、こういう水かけは酸素の溶け込んだ新鮮な水を盛んに供給していることになるので、水かけ回数の多さが湿害を防いでいるとさえいえる。

それなら、根が水に浸りっぱなしが悪いのかというと、それもあたっていない。もしそうであるなら、養液栽培は成り立たない。もちろん、養液栽培の多くのシステムは、水が根に届くまでに酸素の溶け込む機会が多く、そのことが湿害を防いでいるということもあろう。

しかし、熊本農研センター（当時）が昭和五十年代に開発したパッシブ水耕は、栽培を始めるときに全期間に必要な水と肥料を与え、いわゆる溜め水状態で栽培するが、何ら問題はおこらない。溜め水状態でも湿害がおこらない身近な例では、花木の水挿しもそうである。水は水面から数センチメートルは自然に酸素が溶け込むことが知られており、そのためにパッシブ水耕も水挿しも湿害がおきないのだが、その機作はともかく、根を水に浸け込んでさえ湿害をおこすのはむずかしいことを知ってほしい。

（注）ここでは根の湿害のことを述べており、タネは溜め水状態におくと湿害をおこして死ぬ。

問題は嫌気状態の有機物

では、湿害はどういうときにおきるかというと、用土に植えて排水不良にしたときである。用土と排水不良の二つの条件が重なって初めて発生する。しかし用土といっても、砂、ガラス片、陶器片、ロックウール、プラスチック粒などに植えた場合には発生しない。いわゆる土に植えたときにだけ発生する。

ただし、悪いのは鉱物としての土ではなく、土に含まれる有機物である。有機物が嫌気的状態で変質するときに根はやられる。有機物か嫌気状態のどちらかを除けば湿害はおこらない。いうまでもなく、有機物は有効な資材なのでこれを除くことは得策ではない。鉢底部からのスムーズな排水を対策とすべきである。

ところで、湿害をおこすのはむずかしいが、乾燥により根を死なせるのはたやすい。乾燥によって根が死ぬと、水かけ後の鉢の土はいつまでも乾かない。そういう鉢をひっ繰り返してみると、根はベタついた土のなかで腐っており、いかにも多湿の害のように見える。そのため、実際は乾燥の害なのに湿害ととり違えてしまう。この見事なまでの勘違いはけっこう多い。

＊

●コラム● 再評価すべきパッシブ水耕

地中に液槽を設置し、収穫までに必要な培養液を入れて定植。途中で水や肥料を追加しない養液栽培法。水温、pHおよびECの調整はしない。水面近くには酸素が自然に溶け込み、根はその部分に横に張る性質を利用し、エアレーションも行なわない。水面近くに張った根を動かさないためにも、途中で水の追加はしない。

培養液は、新しい根を水面近くに張らせながら減少していき、栽培終了時にゼロとなる。つまり、水と肥料の利用率は100％である。パッシブ水耕は、センサー類やポンプを一切使わず、資源の節約にも貢献する。再評価すべきシステムである。

果菜の草姿が決まる時期

栄養生長から生殖生長に

葉や茎を収穫する野菜は、葉や茎の大きさがそのまま収量の多さになるが、果菜はそうはいかない。果菜の茎葉には「ほどよい大きさ」がある。ただし、ひとりでに「ほどよい大きさ」にはならないので、管理でそこにもっていかなければならない。

果菜は、定植後しばらくは栄養生長だけの時期があり、その時期に生育を促す管理をしすぎると、加速度的に栄養生長が盛んになる。

一方、実がついて、生殖生長の負担が茎葉にかかっている時期に栄養生長を促す管理をしないと、草勢は落ち込み、相対的に生殖生長が優勢になる。生殖生長が優勢になるのは、一見よいことのように思えるが、このパターンの生殖生長は株を弱らせ、結果的に減収する。

このように、栄養生長にせよ生殖生長にせよ、どちらかに偏りすぎると、はてしなくそちらに向かう。そういう果菜の性質から管理の方向が見えてくる。

切り替え時期に草姿が決まる

定植後の栄養生長だけの時期は、草勢が旺盛になりすぎないように、生育を抑える方向の管理が必要になる。その後、生殖生長が始まってからは、茎葉の生育を促す方向の管理に切り替え、しだいに重くのしかかる果実の負担で、茎葉が疲れ切らないようにする必要がある。

大切なのは切り替え時期の草姿であり、この時期をほどよい大きさの草姿で迎えることができれば、その後はその草姿を維持しながら、生殖生長も順調に進むという流れに乗ることができる。

もし、切り替え時の草姿が大きすぎた場合は、その後も栄養生長優位の状態で推移することになり、小さすぎた場合は、この後、果実の負担が本格化するので、草姿を大きくしようとしてももうできない。別のいい方をすると、この切り替え時期に、栽培者が最後まで付き合う草姿が決定する。

第3花房は
開花期

第1花房の
最大果がピ
ンポン玉大

トマトの草姿の切り替え時期

栽培者の醍醐味とは？

切り替え時期の日数的な幅は大きくはなく、切り替え日と表現したほうがいいほど短い。栽培者はこの日を境に意識を変えなければならない。

定植直後から（あるいは苗のときから）切り替え時の草姿を思い描きながら、勘を研ぎ澄まして樹づくりを行ない、納得いく草姿でそのときを迎えたい。樹づくりのこの期間こそが果菜栽培の醍醐味である。

草姿が決まる時期

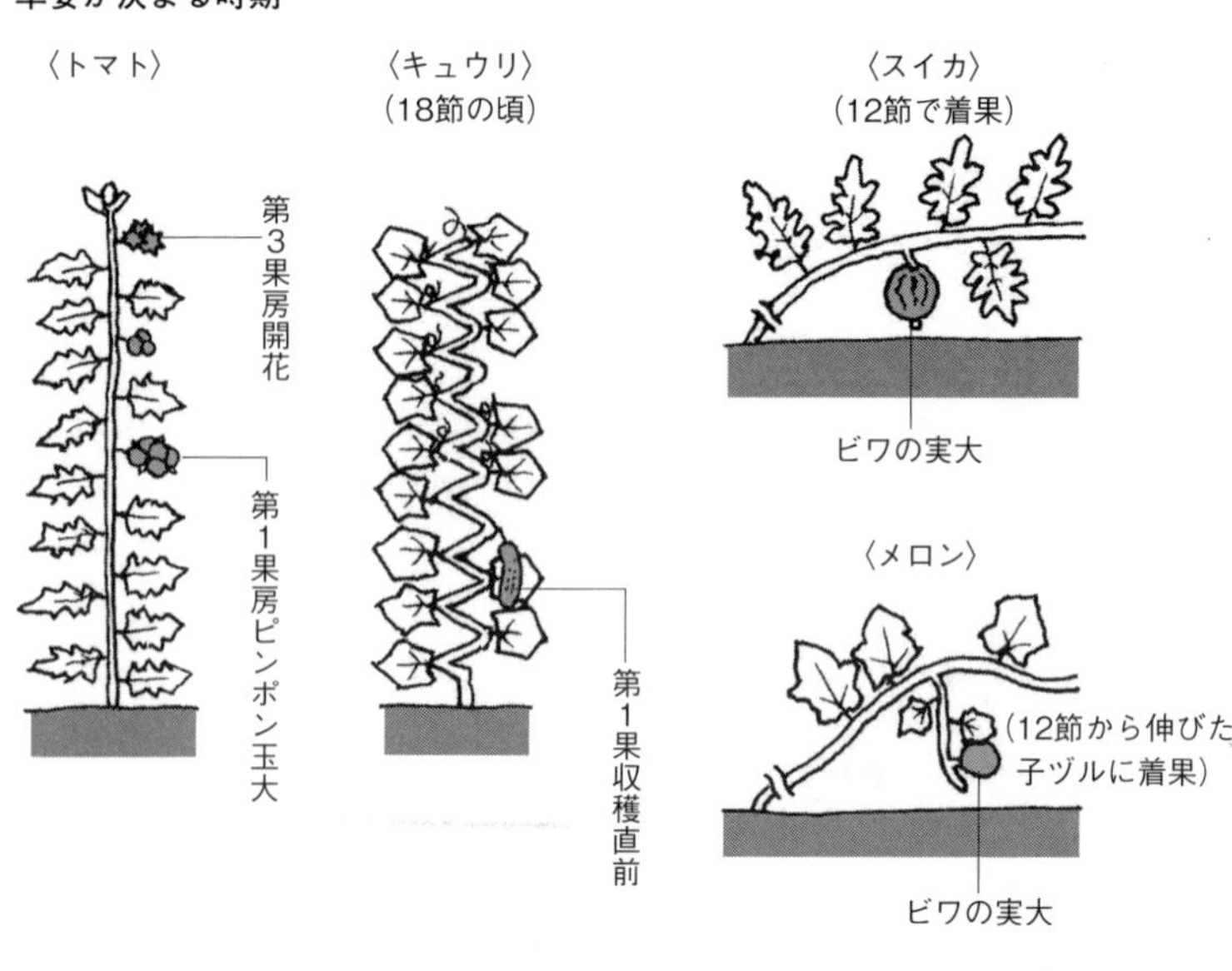

ついでながら、生殖生長の管理で、果実に直接働きかけるような作業はなく、大部分の管理は栄養生長の側からしていることに気づきたい。

切り替え時期の存在は、大規模経営のマネジメントの面からみると、ちょっとしたメリハリを生じさせる。つまり、切り替え時期以前は人に任せられない管理であり、経営主一人緊張にひたる期間であり、管理が定型的になるそれ以降は、雇用の人や自動システムに頼り、経営主はひと息入れるという図式である。

代表的な品目の切り替え時期を述べておく。トマトは第一花房の最大果がピンポン玉大のとき（第三果房の開花期と覚えてもよい、前ページの写真）、キュウリは第一果の収穫直前、スイカとメロンは果実がビワの実大のときである。

なお、ピーマン類は定植後、着果期までの日数が短いことと、一度茎葉を硬化させると素直な生育には二度と戻せない性質の品目なので、栽培全期間を通して生育を促す方向の管理をし、途中で切り替えることはしない。

這いづくりのよさ、立ちづくりのよさ

それぞれのメリット

ウリ類は、這いづくりと立ちづくりの両方ができる。それぞれの活かし方を、メロンとスイカを例に述べる。

這いづくりは草勢が強い。すべての葉が均等に光を受け、葉の陰になる葉がないため、株の光合成能力が高い。草勢が強くなるのは当然だろう。しかし、一株が占有する面積が広く、植え付け株数は少ない。これに対し立ちづくりは、光を一〇〇%受けることができるのは最上位の葉だけであり、草勢は相対的に弱い。しかし、よい点は、株を縦に配置するので這いづくりよりも多くの株を植えられることである。両者のよい点を活かす栽培をしたい。

メロン　ネットの有無で使い分け

アールス系のネットメロンの場合、求められる果実は、美しいネットと上品な甘さである。大きさについてはほどよいサイズがあり、大きいほどよいわけではない。

美しいネットと、目標とする甘さを達成するには、水分の制御技術が必要である。この技術は、圃場全体の果実の生育ステージが揃っていなければ使えない。そのため、一、二日の間に一斉に受粉させる必要がある。一斉受粉はツルの生育が揃っていて初めて可能になる。そこで、ツルの生育がバラつく二～三本仕立ては避けて一本仕立てにする。また、受粉時期が数日にまたがるのを避けるため一個成らせる方法をとる。当然、収量を上げる

這いづくりのメロン（左、赤松富仁撮影）、立ちづくりのメロン（右）

には、多くの株を植えなければならず、立ちづくりが適する。

一方、ノーネットメロンはネットを見すえた管理が不要なので、一斉に受粉させる必要はない。むしろ収穫日が七～一〇日くらい分散したほうが労力的に有利である。つまり、ツルの生育が多少バラついてもよい。そのため、一株から数本のツルを出し、それぞれを主枝に見立てて着果させる。複数のツルと複数の果実をまかなうには草勢の強い這いづくりが適する。また、一株に複数の果実を成らせることで植え付け株数の少なさもカバーできる。

スイカ　時期によって使い分け

スイカの主流品種である大玉は、切り売りが一般的なこともあり、ボリュームのある大きな果実が求められる。そのため、一果重を大きくする管理が必要で、草勢の強い這いづくりが適する。小玉スイカの場合は、大玉より多くの果実を着果させるので、株疲れをおこさせないために、やはり這いづくりが適する。

一方、クリスマスから正月にかけての時期は、スイカの存在自体が貴重であり、重量よりも個数のほうの価値が高い。そのため、大きな果実はとれないが、多くの株が植えられる立ちづくりが適する。

なお、どんなウリ類でも、這いづくりでは温度管理に使うセンサーを地面近くに設置しないと株は寒い思いをする。管理者には暑い環境になるが、これは這いづくりの宿命である。

したたる汗に注意

余談だが、ハチを使わずに手で交配するスイカの這いづくりでは、ちょっと気をつけたいことがある。スイカはメロンと違って限られた数の雌花しか出てこない。大きくて形のよい果実になる雌花の着生節位も決まっており、そこを外すと満足な果実はとれない。

交配するとき、這いづくりでは地面近くをスイカの適温（三〇℃ほど）にするため、昼間のハウス内はかなりの高温（三五℃ほど）となり、汗を流しながらの作業になる。這いづくりしたスイカの雌花は真っすぐ上を向いて咲くため、雌花を覗き込んで交配すると、したたる汗がちょうど雌花のなか（柱頭）に落ちる。汗が落ちた花はもう使えず、五～六節上位の雌花の開花を待つことになる。この無念さはとても言葉ではいい表わせない。

これを避けるには、交配作業は、雌花のわずか斜め上から覗き込んで行なうとよいだろう。花粉が十分についた柱頭を見下ろせないのは物足りないが……。

果菜の萎ちょう症とわき芽の関係

心があれば萎ちょう症は出ない

果菜のわき芽は、伸ばしっぱなしにすると込み合うので、本数を制限したり、伸ばさないように生長点（以下、心）を摘む作業をする。心はわき芽であれ主枝であれ、株全体の重量に占める割合はきわめて小さい。しかし、心は果菜の生理障害の一つである萎ちょう症（バッタン病と呼ぶ地域もある）の発生に強い影響を及ぼす。

萎ちょう症は根への炭水化物（光合成産物）の供給不足でおこるが、心があると供給不足にはならず、心がないと供給不足になる。萎ちょう症発生のこの仕組みを知ることは、健康な果菜の状態を知ることにつながる。

スイカや多着果メロンに出やすい

トマト、キュウリ、ピーマン類に萎ちょう症は発生しない。これらの品目は、茎やツルが伸びることで着果位置が確保され、常時優勢な心をもたされるからである。

一方、一株に一個の果実を成らせるアールス系メロンは主枝の心を摘み、わき芽もすべて取り除くので、心がまったくない状態になる。しかし、果重のわりには葉面積が大きいため、よほど小柄な株にしない限り、根の炭水化物が不足することはない。

萎ちょう症が発生しやすいのは、スイカと、一株に数個の実を成らせる種類のメロンである。どちらも、ある時期以降、株全体に占める果実の重量割合が急速に増加する。

光合成産物はソース（供給体）の葉からシンク（受容体）である果実や心、根に送られるが、心をなくすと、心のある株に比べ果実はよく肥大し、糖の蓄積も進む。そのため、わき芽の心を摘むことは、多収と品質向上のためにも必要な作業ではある。

この現象は、心が使う予定の炭水化物が果実に回される結果ではない。それでは説明がつかない量の光合成産物が果実に転流する。つまり、心をなくすことにより、株が生殖生長に大きく傾斜するスイッチが入るためである。

収穫前の曇雨天続きの後が問題

以下、スイカの発生メカニズムを述べるが、メロンも根本は同じである。

スイカは開花後五五日くらいで収穫するが、三〇~四〇日の間に急速に肥大する。この時期の葉はすごみを感じるほどの糖（炭水化物）を生産する。日に日に果実も大きくなり、生産者にとって楽しい時期である。とくにわき芽（心）を摘んだ株の「よい実」は見応えがある。

この時期、晴天日数が多ければ、炭水化物を果実に重点的に配分しながらも、根に回す余力もある。そして、四〇日を過ぎれば果実の肥大もゆるやかになり、そのままゴールできる。

しかし、三〇~四〇日の間に曇雨天が四~五日続くと、炭水化物の生産量は減少する。このとき心を摘んで果実の肥大を加速させた株は、減少した同化産物のほとんどを果実に回す。その結果、根への供給量が減少し吸水能力が低下する。

萎ちょう症になった大玉スイカのイメージ

2～3節に心のあるわき芽を残せば萎ちょう症は出ず、99点の果実はとれる

それでも、曇雨天の間は蒸散量が少ないので萎ちょうすることはない。問題はその後の晴天日におこる。急激な蒸散に対応して吸水しようにも、根は炭水化物をもらっていないので力がなく、萎ちょうする。その後は枯死するか、枯死を免れても品質のよい果実はとれない。

スイカは、ふつう四〇枚くらいの葉に一個成らせる。つまり、わき芽の出る節が四〇ある。そのうちの三～四節に心のあるわき芽を残せば萎ちょう症はおこらない。その程度の心の量なら、九九点の果実はとれる。

しかし、心がなくても、天気さえよければ萎ちょう症は発生しないので、一〇〇点の果実を目指して心を摘みたくなるのも無理はない。ミニトマトの裂果のところで述べたように、萎ちょう症の発生原因を自分ではどうにもならない天候に求めても対策は立たない。わき芽を取ってしまう強度の整枝が原因である。

病害虫予防の下葉かきは不要!?
——摘葉の話（1）

根菜類と葉菜類には「摘葉」という作業はない。摘葉は果菜で行なう作業である。摘葉は、まだ落葉するほどには老いていない葉を摘むので、当然、草勢に影響する。摘葉とその周辺の技術は、思いのほか奥が深く、果菜の性状を理解するための押さえどころが詰まっている。ただし、誤った解釈も流布しているように思う。それをほぐすためにも三度に分けて摘葉について述べたい。

摘葉の目的は大きく二つ

摘葉の目的は大きく二つある。「病害虫予防のための下葉の摘葉」と「株の受光改善のための摘葉」である。どちらも立ちづくりする果菜の作業である。

まず、病害虫予防のための下葉の摘葉である。対象になる葉は、下から二〜三枚（子葉の上二〜三枚）の本葉である。ピーマン類だけは最初に枝分かれする場所より下の約一〇枚（子葉の上約一〇枚）の本葉が、それに該当する。ピーマン類のその部分の茎は主幹と呼んでおり、摘除対象は主幹葉である。以上、これらの葉を下葉として話を進める。

下葉が硬くなる頃に病害虫がつく

多くの果菜の下葉は大きくならず、最後まで小さいままである。長い栽培期間のごく初期の草勢を担ったこれらの葉は、一〇節目の葉（本葉一〇枚目）が出る頃になると、急速に硬化してみずみずしさを失い、役割を終えたことが視覚的にもわかる。その頃にうどんこ病やアブラムシがそれらの葉に寄生する。それでも、それらの葉の防除がしっかりできているなら問題はない。しかし、立ちづくりではそれら下葉の裏側に薬剤を付着させるのはなかなかむずかしく、病害虫の伝染源になる。そのために摘葉する。

ピーマン類は三回に分けて摘む

摘葉する時期は、ピーマン類以外の品目は本葉の一〇枚目が出る頃、ピーマン類は収穫が始まる頃である。その時期をもっと突っ込んだ指標で決めるなら、「育苗中に行なった病害虫防除の効果が切れる直前」ということになろう。つまり、下葉に病害虫が寄生する前の摘葉になる。ピーマン類以外の品目は葉が小さいので二〜三枚を一度に摘んでしまってかまわない。

一方、ピーマン類の主幹葉は大きく、数も多い（一〇枚）。葉は大きいけれども、病害虫の寄生しやすさと、薬剤を付着させるむずかしさはほかの果菜と変わらない。しかも、主幹葉はそれ以降に出る葉と違ってねじれる性質があり、ますます防除をむずかしくする。

主幹葉は全部を一度に摘むと、影響が大きく茎の伸長が停滞するので、三枚ぐらいずつ三回に分けて摘む。摘む間隔は五日あける。つまり一〇日かけて摘み終わる。ピーマンの摘葉はこれだけで終わりである。

這いづくりでは下葉かきは不要

果菜の多くは立ちづくりをするが、メロンとスイカには這いづくりもある。メロンは立ちづくりと這いづくりの割合が半々と見られるが、スイカは大部分が這いづくりである。すでに述べたように、下葉を摘む理由は、立ちづくりの場合の薬剤散布のやりにくさである。しかし、這いづくりの場合はすべての葉が地面近くに位置し、葉裏への防除に工夫を凝らすのは下葉に限らないので、下葉だけを摘む理由がない。実際、這いづくりでは下葉は摘まない。メロンもスイカも、下葉の摘葉は立ちづくりの場合の作業である。したがってスイカ栽培の一〇〇%近くが下葉の摘葉はしない。

下葉かきは必須の作業ではない

ところで、下葉かきは必ず行なわなければならない作業だろうか。筆者はしなくてもよいと考えている。下葉にもちゃんと防除が行き届く栽植密度にしたり、すべての葉に万遍なく薬剤が行き渡るような機器で防除する場合は、下葉かきをする必要はなく、自然に落葉させればよい。この点は、次に述べる「リスクを抱えながら行なう、働き盛りの葉や老化葉の摘葉」と異なる。

老化葉は
むやみに摘むなかれ
――摘葉の話（2）

受光改善のための摘葉

収穫が一度に終わるメロンやスイカなどは、最初から最後まで同じ葉で栽培し、途中で葉が増えることはない。葉は、徐々に衰弱しながらも、果実が必要とする光合成産物を送り終えるまで寿命を保ち、果実の収穫とともに役目を終える。そのため、葉を更新することはない。メロンやスイカには老化葉を摘葉するという目的自体が存在しない。

これに対し、長期にわたって収穫を続けるトマトやキュウリなどは、草勢維持のためにつねに新しい葉をもっていなければならない。しかし、株に与えられているスペースには限りがあるので、古い葉をそのままにして新しい葉を増やしていくことはできず、摘葉による更新が必要である。今回述べるのはその摘葉である。

老化葉でも摘むと樹勢は弱る

摘葉の対象となる葉は、光合成（生産）と呼吸（消費）の関係で語られることが多い。生産よりも消費のほうが大きい葉は摘んだほうがよいという考え方である。そういう老化葉は光の弱い場所にあり、おおむね黄化していることが多いので、わかりやすい判断材料ではある。

この考え方に立つと、生産より消費がまさっている葉は、できるだけ早く、しかもできるだけ多く摘んだほうが、果実や若い葉に光合成産物が回るので、株にとってよい状況が生まれるはずである。しかし実際は、老化葉であっても、一気に摘むと草勢が落ち込み、回復に時間がかかる。この反応を摘葉の尺度は光合成産物の収支だけではないという、株からの訴えとみたい。

吸水には老化葉の力も

草勢を維持しながら十分な収量を上げるためには、十分な吸水が必要である。しかし直接根に働きかけて吸水を増やすことはできない。根に対してできることは、水が不足しないような環境にすることだけである。

実際、吸われる水のうち根の力で取り込む量はわずかで、多くは葉の蒸散によって生じる負圧により吸われる。株内の水は、根が押し上げたものではなく、葉が引き上げたものが大部分である。そして老化葉も水の引き上げに一役買っており、その恩恵は光合成産物の消費よりも大きい。そのメッセージが、摘葉のやりすぎによる草勢の落ち込みなのだろう。

週に二、三枚のテンポで

吸水のテンポの乱れは生育にただちに響く。その乱れは葉面積の急激な減少が招く。

水の引き上げに一役買っている老化葉であるが、自然に落葉するまでそのままにしておき、茂りすぎると、薬剤散布の効果も落とす。したがって、摘葉はしなければならない。問題は、吸水のテンポを乱さない摘葉の頻度と強度である。これは、品目により異なるので、やり方をひと言で表わすのは困難であるが、あえて大まかな目安を示せば、一週間おきに二、三枚というやり方がほとんどの品目にあてはまる。いずれにせよ、老化葉も水を引き上げて草勢維持に貢献しているということを忘れなければ、おのずと自分流のやり方がつかめるはずである。

摘葉はほかの作業を差しおいてでもする作業ではない。少しまどろっこしいぐらいのテンポがちょうどよい。筆者が野菜の世界に入って最初に仕えた上司は、摘葉をするとき「ごめん、ごめん」と声に出していたものである。摘葉はそういう作業である。

働き盛りの葉をあえて取る技術
――摘葉の話（3）

キュウリの側枝は光で伸びる

これまでに述べた摘葉は、草勢に悪影響が出ず、光合成能力も低下させないものである。しかし長期栽培の果菜では、数週間先の増収と品質向上のために、一時的または局部的に光合成を犠牲にする投資的摘葉もする。キュウリとミニトマトを例に述べる。

キュウリの主枝を摘心する方式（摘心栽培）では、収穫果のほとんどを側枝から取る。そのため側枝発生の良し悪しが収量に直結する。側枝は芽吹いたものすべてが伸長するのではなく、光の具合で伸長するかどうかが決まる。芽吹いて間もなくの長さ一～二cmの幼い葉が十分な光を浴びれば、伸長のスイッチが入って丈夫な子ヅルになる。丈夫な子ヅルからは丈夫な孫ヅルが出る。この好循環は孫ヅル以降のツルにも及ぶ。

稼ぐ側枝を伸ばすために葉を一枚だけ摘む

摘心栽培キュウリの一般的な傾向として、主枝の中節くらいからの子ヅルの出が悪い。中節とは、主枝を二〇節で摘心する場合の一〇～一五節のこと。そこの側枝が芽吹く時期に、主枝葉の陰になるのが原因である。

主枝の摘心効果は、摘心位置近くのまだ葉が小さい上位葉よりも先に、伸び盛りの中節くらいの葉に現われ、葉が急速に大きくなる。その結果、中節くらいに光をあてなければならない時期が日陰になる。一〇節より下と一五節より上は摘心効果の波及が遅れるので葉がゆっくり大きくなり、大事な時期に日陰になることはない。

中節は、キュウリにとってもっとも稼ぎどころとなる場所であり、なんとしても丈夫な側枝を出さなければならない。そのために、一時の損失を覚悟で働き盛りの若い葉を摘むのである。摘むのは一枚のみ。二枚では損失が大きすぎる。一枚でも中節部がパッと明るくなる。

この時期は、先に述べた下葉三枚の摘葉はすでに終わっているが、老化葉の摘葉はまだ始まっていない。大きな葉を摘むことを本格的摘葉とするなら、摘心栽培キュウリの本格的摘葉は、老化葉の摘葉に先んじて、働き盛りの若い葉を一枚摘むことから始まる。

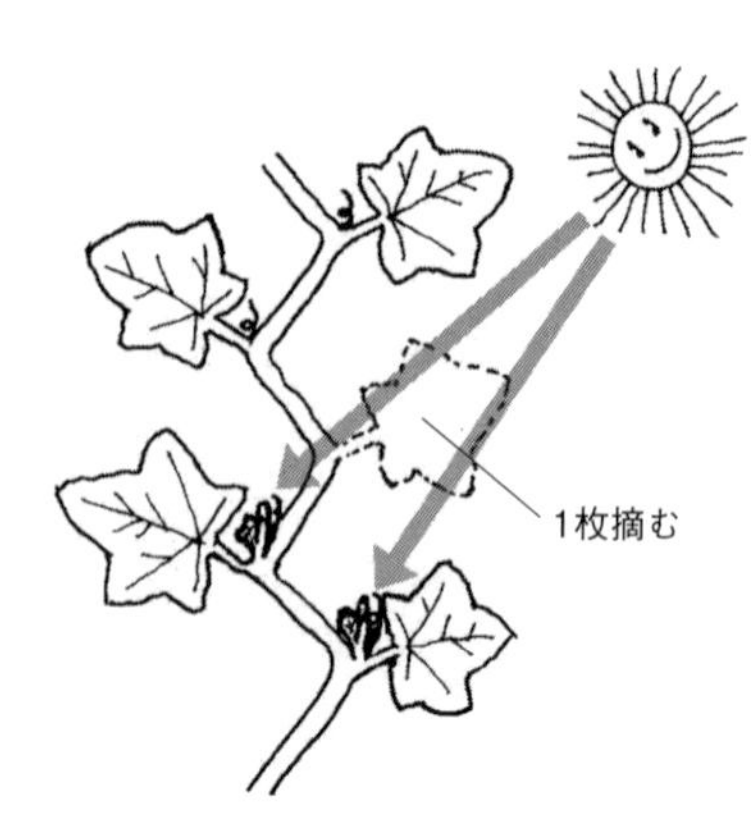

10～15節の葉を1枚摘むと、
稼ぎ頭の側枝がグングン伸びる

稼ぐキュウリにするための摘葉

ミニトマトは着色のために葉を摘む

トマトの実は温度の積み重ねで着色するので、実が日陰になっても赤くなる。それどころか、青い実のまま出荷しても温度が積み上がれば着色する。トマトのこの性質は、着色に光を必要とするイチゴと著しく対照的である。

夏のトマトの実は強光にあてるよりも、むしろ葉陰のほうが上品な赤色になる（葉にはしっかり光をあてなければならない）。秋から春のハウス栽培は夏とは事情が異なるが、それでも大玉トマトの場合は、着色のことで栽培者がすべき管理はとくにない。先に述べたように、栽培者の手を離れた流通途上で色がつくからである。

一方、ミニトマトは完全着色で収穫するため、商品としての着色具合に栽培者の意思を込めやすい。その一つに摘葉で実に光をあてる管理がある。もちろんその管理をしなくても着色するが、光があたったほうが果皮の赤色の照りにすぐれる。

摘むのは果房の上にある葉である。ただし果房のすぐ上の葉は、果房への日を遮る位置にはないので、摘むのは果房の上二～三枚目である。いうまでもなく、働き盛りの若い葉である。この摘葉の前提として、株全体が常時必要とする葉数を下回らないことが大切である（日頃からこのことを念頭に下葉の摘葉は行なう）。

葉は一枚摘んでもいいし、葉の真ん中から先のほう二分の一を摘んでもよい。若い葉を摘むので、実の肥大や茎葉の生育への影響はゼロではないが、実の外観の向上が十分それを補う。

光合成の適温で管理しても最大収量は望めない

光合成に関係する環境要素は、温度・光・炭酸ガス・風・湿度などであり、それぞれの最適状態が品目ごとに解明されている。最適環境とは光合成速度が最大になる状態である。環境を光合成の最適状態にもっていけば、最高の収量が上がるかというと、そうはいかない。そのことをもっとも制御しやすい環境の温度を例に述べる。想定する品目はキュウリ、ピーマン、ナス、ニガウリなどの高温性の果菜である。

光合成の適温は二五℃付近だが

これらの果菜の光合成速度が最大になる温度は二五℃付近である。六～九月は日中の温度が二五℃以上になる地域が多いので、この時期は露地であっても最適状態にすることはできない。一方、換気ひとつで寒くも暖かくもできる低温期のハウスでは、多くの地域が日中の五～六時間は二五℃付近で経過させることができる。

しかし、この管理温度では最高の収量にはならない。理由は、これでは寒いからである。栽培者の多くも、光合成に最適な温度での管理では低すぎると感じているはずである。この齟齬はどこからくるのだろうか。

生長の適温は二五℃より上

光合成速度とは、葉の一定面積の一定時間の計測値であり、植物の最適環境を示すにはまたとない指標である。しかし、光合成速度が最大のときの物質生産量が株全体の目一杯の能力かというと、そうではない。もっと能力を引き出すことができる。

葉を物質生産の工場とみた場合、光合成速度は一部署の生産効率のことである。工場全体の生産量を議論する場合には、これに工場の規模を加味しなければならない。規模とは、光合成産物を供給するソースとしての葉のボリュームである。

つねに一定数の十分な大きさの葉を確保し続けるには生長の速度が大切である。昼間の生長の適温は二五℃より上にある。齟齬はここから出ている。

額に汗がにじむくらいがちょうどいい

つねに一定数の十分な大きさの葉を確保しようとすると、光合成適温よりも高い温度で管理する必要があるので、効率を犠牲にすることになる。しかし両者は等比に相反する性質ではなく、効率を犠牲にしても、株全体の光合成産物を多くする温度領域がある。その領域を設定温度にしなければならない。

その領域は光合成の適温より高いところにあるのは確かだが、品目により少しずつ違うので、ひとくくりにした数値は示せない。だが、ほぼ共通する指標として、ちょっと体を動かすと額に汗がにじむ状態としていいようだ。農業にはこういう身体感覚を物差しにする基準があってもいいだろう。

自動換気装置は増収装置

自動換気装置の普及により、高温性野菜の収量はそれ以前より増えた。ハウス内の温度環境は、本来は「不快」と相場が決まっている。経営主はそのことをわかっていても、手動換気の時代は、つい雇用の人たちのことを気遣って、爽やかに感じる環境にもっていくことが多かったようだ。自動換気になり、それができなくなったことが収量を押し上げた。自動換気は省力装置であるとともに増収装置でもある。

なお、ハウスで二五℃で経過させ得るのは五～六時間と前述したが、日中をずっと二五℃で経過させれば（一〇時間内外）、光合成効率を落とさずに、生長も十分という状態になるのかもしれない。しかし、実際には冬季は五～六時間しか確保できず、その条件では光合成の適温より高温で管理しないと、生長が足りず満足いく収量は上がらない。

弱い日差しのほうが葉の寿命は長い

光の強さと葉の一生の働き

植物の種類によっては、朝から晩まで直射光のあたる場所よりわずかに日陰になっている場所や、夕方、日が陰るのが早い場所のほうが、葉がつやつやで、見るからに若々しいものがある。そういう場所の日差しは、光合成速度が最大になる光飽和点より明らかに弱い。あるいは光飽和点の時間が短い。

葉が若々しいのは寿命が長いからである。もっと正確にいえば若々しい期間が長いからである。逆に日差しが強いと、葉の組織は強(こわ)くなり老化が早い。この現象は野菜にもあてはまる。ただし、一枚の葉が一生のうちに生産する炭水化物の量が決まっているのなら、日差しが強かろうが弱かろうが、使命を達成するまでの期間が短いか長いかだけの差であり、技術的に興味の湧くことではない。

ところが、適度な「減光」により葉が長命になると、葉の一生の炭水化物の生産量は、強光下の短命な葉より増える。この現象を、持続的な草勢を必要とする長期収穫の果菜で利用しない手はない。以下、「減光」の効果をいくつか述べる。

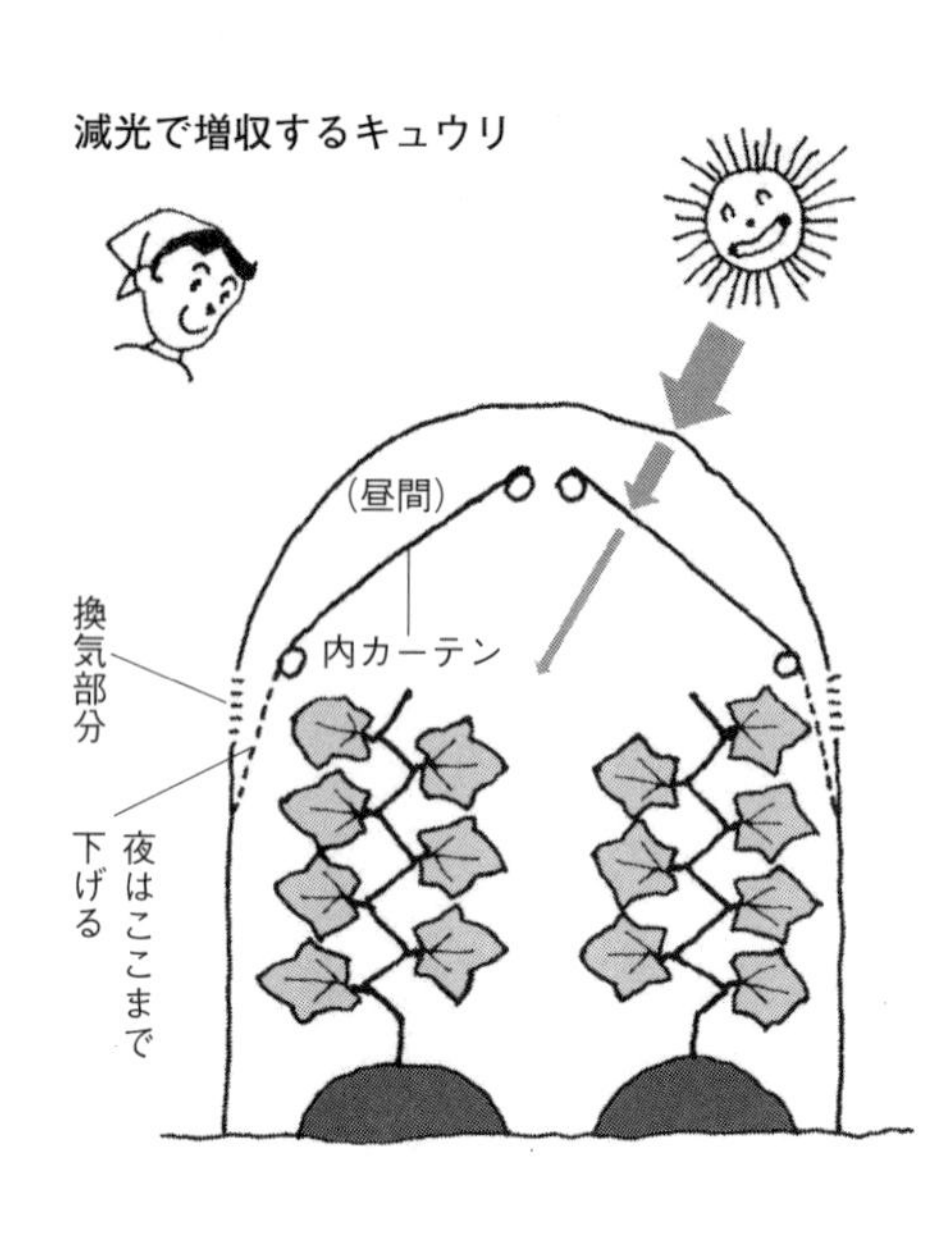

減光で増収＆生育促進するキュウリ、イチゴ、ピーマン

キュウリのハウスの長期栽培には、光の弱い冬を通過するけれども、昼間の内カーテンはサイドの換気部分だけ開けて天井部分はかぶせっぱなしにするやり方がある。二重の被覆材を透過した日差しで栽培することになるが、一向にかまわない。それどころか天井部分まで開けてしまうやり方より増収する。

キュウリのように、つねにツルが伸びていなければならない品目は、葉を強くすることは禁物で、葉の緑に淡さを残したみずみずしい状態を保つことが大切である。そのためには、内カーテンを開けるより、かぶせっぱなしのほうがよい。立ちづくりでは、ハウス内に入った日差しを直接受けるのは上節の葉だけであるが、それでもキュウリでは減光の効果が出る。

なお、内カーテンをかぶせっぱなしにすると、空気が対流しにくくなり湿度が上がる。葉の寿命が長くなる原因として、この高い湿度も無視できない。しかし、次に述べる事例から推して、葉の長命の主因は減光である。

九州の高冷地で、盛夏期に雨よけハウスでつくるイチゴとピーマンは、新品の被覆材をかけた年よりも二年目以降のほうが生育がよく、収量も多い。新品のポリやビニールでは日差しが強すぎて葉の寿命が短いのである。雨よけハウスのサイド部は開けっぱなしで、湿度はハウス外と同じなので、日差し（光）だけ葉の寿命に関係しているとみていいだろう。

トマトとスイカは別物

筆者の住む宮崎市では桜（ソメイヨシノ）は紅葉しない。梅雨明け頃から急速に葉の消耗が進み、秋を待たずに八月末には落葉する。宮崎市の夏の最高温度は意外に高くなく、本州の内陸部に比べると明らかに低い。しかし日差しは強い。葉の消耗が早いのはこれが原因だろう。結局、葉は四月から八月までの五カ月ぐらいしか働かず、この間に生産した光合成産物を使って翌年の花を咲かせるので、晩秋まで葉がついている地域の桜に比べると、貧相で華やかさに欠ける。

ここでは、採光はハウス栽培の重要な環境因子であるが、強い日差しはよいことばかりではないことを知ろうとした。ただし、この話はトマトとスイカには寸分もあてはまらない。トマトとスイカは強い光を好む野菜であり、しっかり日をあてる必要がある。

殺菌剤は
葉表からかけるべし

胞子にとって葉表は「地」、葉裏は「天井」

化学農薬には粒剤、粉剤、燻煙剤など、噴霧器を使わなくても施薬できるものもあるが、施薬の主流は乳剤や水和剤などを水に薄めて噴霧器で散布する方法である。その防除での、ちょっとした工夫についてである。

ただ、葉・根菜と、這いづくりした果菜に対する噴霧機での散布は、葉裏に直接かけることがむずかしい。上から散布して（葉表に）、霧の巻き込みや地面からの跳ね返りに期待する。それはそれで効果がある。一方、立ちづくりする果菜のほうは、葉の表にも裏にも直接散布することができる。工夫というのは、この立ちづくりする果菜の葉に対してのもので、散布するのは殺菌剤である。

野菜の病原菌の多くは糸状菌である。糸状菌は胞子をつくり、胞子は飛散して病気を広げる。病気にかかる部位は葉が圧倒的に多い。キュウリのべと病に限っていうと、胞子をつくるのは葉裏であるが、ほかの病気は葉の表にも裏にも胞子をつくる。

さて、位置的な関係でいうと、葉表の胞子にとって葉は「地」にあたる。同様に葉裏の胞子にとって葉は「天井」にあたる。この、「地」と「天井」のありようが散布の工夫を生む。

葉裏を先に散布する人が多い

手で散布する場合、誰でも噴口を動かして葉の表にも裏にも薬液がつくように心掛ける。順序としてまず葉裏に散布し、次に葉表に散布する人が圧倒的に多い。葉裏を先にする理由はよくわからないが、とりあえず見えない場所を片づけようという意識が働くのかもしれない。キュウリに限っていえば、もっとも重要な病気はべと病なので、まず葉裏に散布しようとするのは当然なことなのだろう。

しかし、葉の病気に対しては、まず葉表を先に散布したほうが、葉裏を先に散布するよりも防除効果が上がる。このことは、葉裏にしか胞子を出さないキュウリのべと病も例外ではない。

葉表の胞子を飛ばさないことがコツ

葉裏を先に散布すると、葉表の胞子は風圧で空中に飛散する。つまり、胞子を空中に一時避難させてしまう。避難した後、薬液のついていない場所に降下した胞子は活動を始め、新たな病原になる。

これに対し、葉表を先に散布すると、胞子を「地」ではばみ、避難できない状態で濡らすことができる。濡らしてしまえば、葉裏に散布しても葉表の胞子は飛散しない。また、葉裏の胞子は「天井」があるため、避難しづらい。これで、葉の表も裏も胞子を飛散させずに薬液で濡らすことができる。

表からだと葉がひっくり返らない

キュウリのべと病の防除を目的とする散布では、葉裏だけ薬液で濡れれば事足りるが、この場合でも葉表に先に散布すると防除効果が高くなる。というのも噴霧機の散布は、つねに薬液よりも風圧が先に届く。そのため、トマトやスイカのように風を逃がす葉の切れ込みがなく、しかも葉が大型のキュウリは、噴霧の際、薬液に先行する風で葉の縁の部分がひっくり返る（裏返しになる）ことが結構あり、べと病を封じるための葉裏全体を万遍なく濡らすのが、思いのほかむずかしいのである。

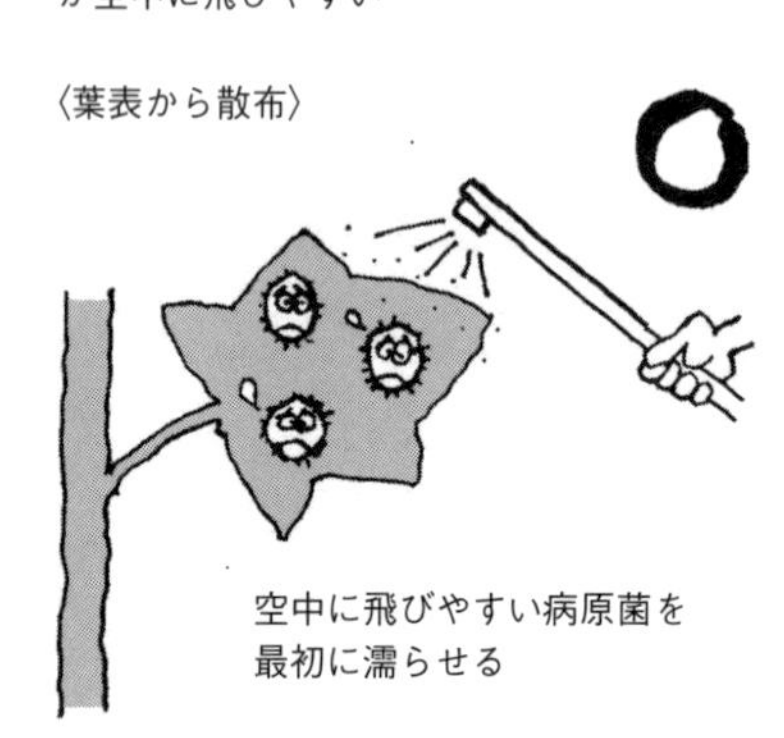

殺菌剤は葉表からかけるのがよい

そこで、キュウリにとってはおろそかにできないうどんこ病や褐斑病など、葉表にも胞子を出す防除も兼ねて、葉表から先に濡らすと葉が重くなって葉の縁がひっくり返りにくく、べと病の防除もうまくいく。

以上述べた、防除効果を向上させるこの工夫は、慣れ親しんだ作業の順序を逆にするだけである。新たな作業を何ら加えずにできるところがポイントである。

病気の伝染を防ぐ作業法

伝染力の強い病気が発生した場合、周りの健全株にかからないようにする必要がある。そのための簡易な手段として、常態化している管理の見直しを二つ提案したい。前項に続いて、これも作業改善の一つである。

整枝・摘心は手で切除する

まず、人による接触伝染を防ぐ手立てである。葉菜類と根菜類は間引きが終わった後は収穫まで株にふれることはないので、人が伝染させることはないが、果菜類は株にふれることが多く、作業を介して伝染させる機会が多い。とくに整枝・摘心など、傷をつくって茎葉を除く作業のリスクが高い。これらの傷をつくる作業を、刃物を使わずに手ですることで伝染を大幅に減らすことができる。

例えば、病原にふれたハサミを使って健全株の茎葉を切ると、ハサミは除去してもち去る側の切り口だけでなく、もち去られない側（株側にも）にも接触して汚染させる。これに対し、手を使い、握ったところより少し先で折ってもち去れば、手で接触した部分はもち去られ、もち去られない側は汚染されない。

このやり方は各種のウイルス病の対策としてとくに効果が高い。ただし、手の作業であっても、つまみ切るとハサミと同じになるので効果はない。あくまでも、ぽきっと折ることが大切である。そのためには茎葉を除く作業は、組織が硬化する前の若いときにあたるように計画を立てることが必要である。

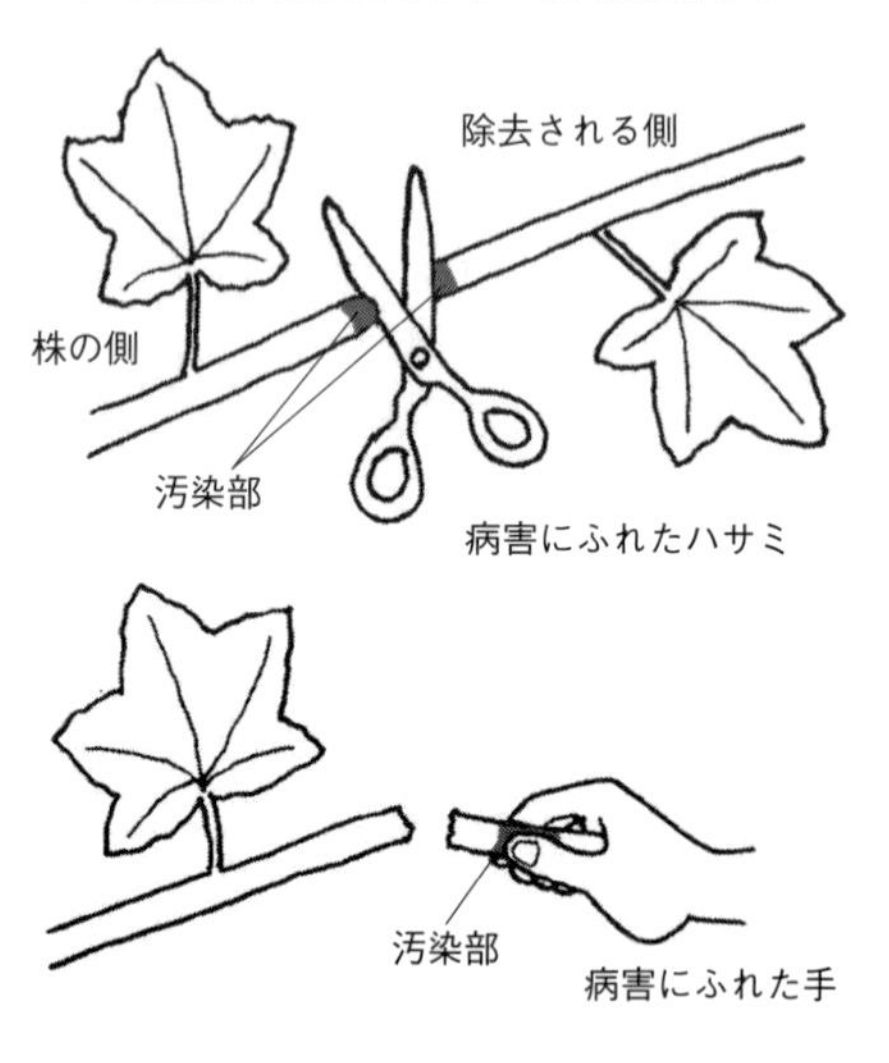

青枯病株は抜根せず、地上部だけ切ってもち出す

もう一つは、ナス科作物の青枯れ病に代表される土壌病害にかかった株の扱いである。通常、抜き取って圃場外にもち出すことが行なわれている。しかし、抜き取るのではなく、カッターなどで地際から切断して、地上部だけを圃場外にもち出すやり方を勧めたい。

圃場外にもち出す処置は「抜根」という作業名で広まったため、抜くという行為がふつうになっているようである。いずれにせよ病原である根を圃場外に出したいという意思が強く働いているのは間違いない。しかし、抜いてももち出せる根はわずかで、大部分の根は罹病した状態で圃場内に残るので、抜根のねらいは達せられない。

加えて、罹病株の根は隣接の健全株の根とからみ合っているので、抜根すると健全株の根を傷つけながら接触し、隣接株もやがて発症する。これを繰り返していつまでも終息しない。

地際から切って地上部だけをもち出せば、隣接株の根を傷めることはないし、地上部を失った罹病株の根は、光合成産物をもらえないので、消耗して消滅し罹病性も失う。抜根しないことで、土壌病害の被害を圃場の一部にとどめることができる。

土壌病害株の抜根と切除

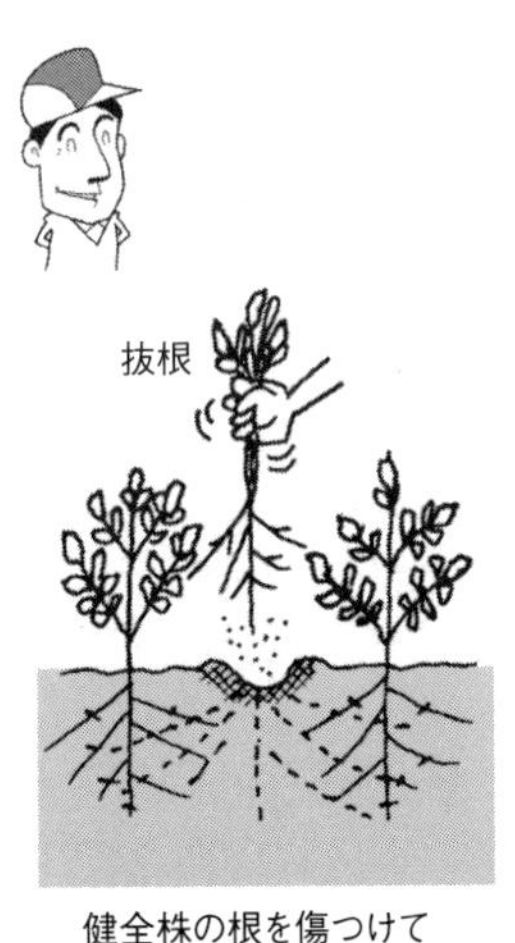

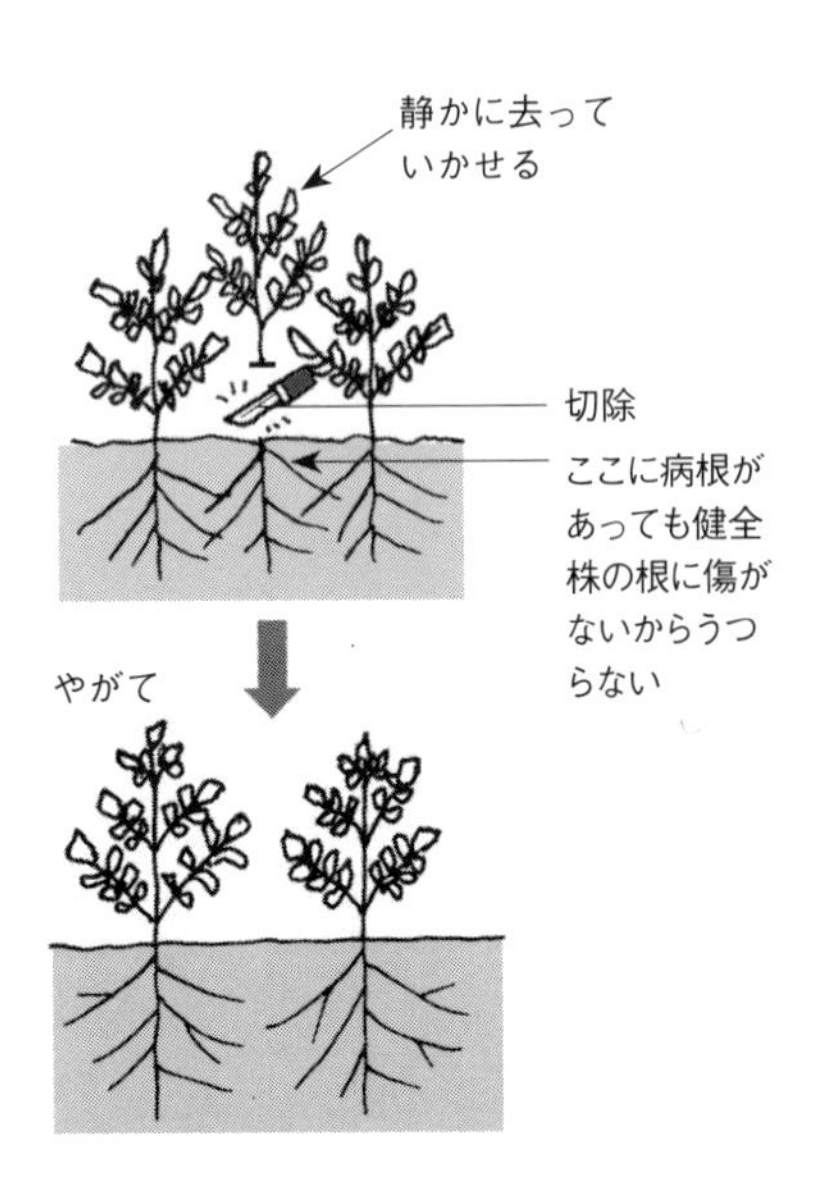

作業は「晴天の午前中」がよいとは限らない

野菜の管理作業の多くは「晴天日の午前中」にするのがよいと、ひとつ話のようにいわれてきた。もちろん、晴天と午前がつねにセットではなく、できれば晴天日とか、少なくとも午前中という注文もある。しかしこれらの注文も、技術の変遷に伴い見直しが必要なものがある。また、もともと勘違いであったというものもあるようだ。以下、天気と時刻の考え方で転換が必要だと思うものを、二、三提案したい。

トマトのホルモン処理は午後に

トマト果房へのホルモン処理は、本来、天候や時間帯を考慮する必要はない。しかし、次の理由から午後が適することになろう。

効果を上げるためには、いくつかの条件があるが、何よりも大切なことは、ホルモン剤を果房にたっぷり付着させることである。少量しか付着しないときには効かない若い蕾も、たっぷり付着させれば効く。

たっぷり付着させるためには、水滴の状態で果房についたホルモンが乾くまでの間に、株を揺すってしずくを落としたくない。しかし、トマトの栽培ではホルモン処理だけをすればよい日はなく、誘引、摘葉、収穫など株が揺れる作業も行なう。そのため、ホルモン処理はその日のすべての作業が終わった後にするべきで、結果的に午後の作業がよいことになる。

茎葉処理剤は夜露が広げる

雑草の茎葉に処理して枯らすタイプの除草剤は、晴天日の午前中に散布すると夕方には効果が見え始める。効果の迅速さは作業者の満足感を満たす。

ところで、大きく茂った草の群落を相手にする場合、どうしても薬液のかからない場所ができ、その部分が枯れずに残ってしまう。そんなときは散布する時刻に目を向けたい。薬液が茎葉の上で乾かないまま夜になる時刻に散布をすると、かからなかった場所にも夜露が薬液を広げ、かけムラをカバーしてくれる。日没後ならいうことはない。もちろん、茎葉上の薬液は露が加わるぶん所定の濃度より薄くなるため、効果が現われるのは数日先になる。しかし、じわりと全体が枯れる。

またこれはすでに71ページでも述べたが、断根接ぎ木も、晴天の日が適するのはいうまでもないが、時刻は午前を避け、午後に行なうのがよい。断根接ぎ木苗は根がないので、作業当日までの貯蔵養分の蓄えが重要になる。朝早くは光合成生産がまだ始まっておらず、午前中もまだ不十分である。午後まで光合成ができれば、接ぎ木は夜にズレ込んでもかまわない。

二つ同時にできる作業

野菜の管理作業のなかには、二つ同時にできるものがある。そのことをいくつか述べる。

ミニトマトのホルモン処理と摘花

ミニトマトは、果実が小さくなりすぎないように摘果（正しくは摘花）をする。摘むのは果房の先端部の、まだ集合体として密集している若い花である。集合しているので五〜六花まとめて摘むことができ、能率が上がる。

摘花は、単独の作業として行なおうとしても、収穫や薬剤散布など、先延ばしできない作業に押されて時間のやり繰りがつかないものである。それを解決する手段として、着果ホルモンを使う栽培では、その処理をしながら摘花することを勧めたい。ホルモン処理と摘花は、適期が同じであるうえ、位置まで同じである。

この同時作業で大事なのは順番で、摘花してからホルモン処理をすることが大切である。先にホルモン処理をすると、直後に摘み取ることになる場所まで処理するのでもったいない。またホルモン処理の効果は、花に付着するホルモンの絶対量が多いほうが高い。そのため、処理液は花房上で静かに乾かす必要があるが、摘花作業を後にすると、株を揺らして花房についたホルモンの水滴を落としてしまう。わずか数秒のうちのことであるが、守らなければならない順番である。

水かけと液肥施用

水かけと、追肥としての液肥施用を一緒にすることは、広く行なわれており、今さら取り上げる同時作業ではないが、ちょっとした工夫を提案したい。

根域の肥料には適濃度がある。液肥をその濃度にしてかければ、根域をねらい通りの濃度にできる。苗のときならこれで問題はない。しかし圃場の水かけは、一回に要する水の量が多く、これを適濃度の液肥でまかなうとなると、一回の追肥としては「施肥量」が多くなりすぎる。だからといって、液肥の量を施肥量に合わせると、水かけの量としては不足する。

そこで、以下の方法を勧めたい。液肥混入器のバルブを調節し、水かけ前半は水だけをかけるか、液肥の混入量を少なくして薄い濃度でかけ、後半に液肥を適濃度にしてかけるとよい。適濃度にできる範囲は下層までは行かずウネの部分だけに限られるが、それでも次善の策として効果は高い。

花房の先端部をまとめて摘むミニトマトの摘花。ホルモン処理をしながら行なうと効率的

水かけの前半は液肥混入器のバルブを絞り、後半は適濃度に調整してかん水するとうまくいく

尿素と薬剤を混ぜて散布

尿素は葉面散布により組織に取り込まれやすい。葉面に付着した尿素は降雨で流されなければ九割以上が組織内に取り込まれる。そのうえ、生物農薬以外のすべての農薬と混用できる。このことはすでにふれたが（149ページ）、チッソの葉面散布と農薬散布の同時作業を改めて勧めておきたい。

次善の策の対応でもいい——微量要素欠乏

栽培中に微量要素欠乏の症状が現われた場合、葉面散布で対処する。しかし微量要素欠乏は、チッソ、マグネシウム、カルシウムなどの多量要素と違い、不足している要素を特定するのがむずかしく、参考書を引っ張り出したり、人に相談しているうちに日にちだけが経ち、症状が広がる。

不足している要素を突き止めたうえで、その要素を散布するのがもっともスマートな対策であるが、とりあえず五～六種類の微量要素を含んだ葉面散布剤を散布する（多くの商品が販売されている）。五～六種類も含んでいれば、そのうちのどれかはあたっているので欠乏症は治る。

原因を突き止めて症状を治すのではなく、治した後で、何が原因だったのかをゆっくり探求しようということである。もっとも、治ってしまうと原因を探求する人はほとんどいないようだが。

対応を急いではいけない——pHのトラブル

ＥＣとpHは根圏環境の代表的な指標であるが、急変が野菜に及ぼす影響はＥＣよりもpHのほうが大きい。

追肥をする野菜では、追肥のたびに根圏のＥＣは急上昇する。また、大量のかん水をするとＥＣは急速に低下する。しかし、どちらも問題はおこらない。つまり一定の範囲ならＥＣの急変は気にしなくてよい。

pHも、一般の土耕栽培では土の緩衝能が働くので、急変がおこることはない。問題になるのは養液栽培である。養液栽培でも掛け流し方式では、つねに好適pHの培養液を供給するのでpHが変動することはない。一方、培養液を循環させる方式で、pH調整機能がついていない場合は、いつのまにかpHが好適範囲からかけ離れてしまっていることがある。これを好適範囲に引き戻す際に注意が必要である。

pHが上がりすぎていても下がりすぎていても、野菜はそれにじわりと適応してしまっている。そのため一気に好適状態に戻すと生育が停滞する。例えばpHが八になってしまい、これを六・五の好適状態に戻すには、日にちをかけておそるおそるしなければならない。もし、栽培終了が迫っているのなら、矯正せずにそのまま逃げ込むほうが無難である。

pHだけでなく、生育環境には好適状態がある。しかし、不良状態に「適応」した野菜を一気に好適状態に戻すのはショックが大きい。

ら 行・わ 行

ま 行

や 行

な 行

は 行

た 行

さ 行

索　引

*——は同一語のくり返し

あ　行

か　行

● 著者略歴 ●

白木 己歳（しらき みとし）

1953年宮崎県生まれ、宮崎県総合農業試験場などに勤務したのち2012年に退職。その後、農業資材の開発・販売の起業に参画するとともに、数社の技術顧問に従事。とくに重機、IT等、非農業企業の農業部門新設に尽力。現在、「シラキ農業技術研究所」を主宰し、講演活動や執筆のかたわら、ベトナム、中国、フィリピン等の野菜生産指導にかかわる。
著書に『トマトの作業便利帳』(2014年)、『写真・図解 果菜の苗つくり』(2006年)、『キュウリの作業便利帳』(2003年)、『果菜類のセル苗を使いこなす』(1999年)、『ハウスの新しい太陽熱処理法』(1999年) がある（いずれも農文協刊)。

深掘り　野菜づくり読本
農業技術者のこだわり指南

2023年 2 月 5 日　第 1 刷発行
2023年12月10日　第 2 刷発行

著 者　白木　己歳

発 行 所　一般社団法人　農山漁村文化協会
〒335-0022　埼玉県戸田市上戸田 2 丁目 2 - 2
電話　048(233)9351 (営業)　048(233)9355 (編集)
FAX　048(299)2812　振替　00120-3-144478
URL　https://www.ruralnet.or.jp/

ISBN 978-4-540-21103-4　DTP製作／㈱農文協プロダクション
〈検印廃止〉　印刷／㈱新協

製本／根本製本㈱
Printed in Japan　定価はカバーに表示
乱丁・落丁本はお取り替えいたします。